Wolf Richard Günzel

Das Wildbienenhotel

Wolf Richard Günzel

Das Wildbienenhotel

Naturschutz im Garten

Inhalt

Warum brauchen Wildbienen Hotels?

Bereits vor fünfundzwanzig Jahren galten sieben Prozent der hierzulande ehemals heimischen Wildbienenarten als ausgestorben. Etwa vierzig Prozent der bei uns vorkommenden Solitärbienen und -wespen wurden damals schon als gefährdet oder akut gefährdet eingestuft.

Heute ist die Rote Liste der gefährdeten Solitärbienen und -wespen noch länger geworden. Viele Arten, die vor einem Vierteljahrhundert noch häufig anzutreffen waren, mussten inzwischen darin aufgenommen werden. Diese Liste enthält freilich nur jene Wildbienenarten, von deren Gefährdung man derzeit weiß. Selbst Spezialisten müssen zugeben, dass es in dieser Hinsicht noch viele Kenntnislücken gibt. Das liegt zum großen Teil auch daran, dass Wildbienen ebenso wie viele solitär lebende Wespenarten mit ihrer überragenden Bedeutung für den Naturhaushalt erst seit kurzer Zeit ernstgenommen werden. Denn obwohl sie schon seit Jahrmillionen existieren, wurde ihre Rolle als Blütenbestäuber und biologische Schädlingsbekämpfer lange unterschätzt.

Wie bei vielen anderen Tierarten liegen die Ursachen der Gefährdung in einem unzureichend gewordenen Nistplatz- und Nahrungsangebot. Fast alle Wildbienen brauchen Niströhren, in denen sie ihre Brutzellen aneinanderreihen können. Dazu benutzen sie zum Teil bereits vorhandene Höhlungen oder sie graben sich ihre Nistgänge selbst. Die Nester solitär lebender Bienen sind klein, die Larven entwickeln sich in verlassenen Käferfraßgängen oder Mauerwerksritzen, in hohlen Pflanzenstängeln, in den Lücken von Trockenmauern oder in winzigen Erdlöchern, welche die Bienenmutter an einem Hohlweg, unter einer Hecke, am sandigen Steilufer eines Flusses, in einer Trockenwiese oder in die Lehmwand einer alten Scheune gegraben hat.

Den im Holz lebenden Bienenarten fehlen heute die Altbaumbestände, die früher auf Streuobstwiesen, in lichten Auwäldern oder Parks zu finden waren. Mit der Nutzungsintensivierung der modernen Forstwirtschaft, zu der auch die Beseitigung von abgestorbenen Baumriesen, Totholzhaufen und Baumstümpfen gehört, werden die artspezifischen Niststätten dieser Wildbienenarten zerstört. Trockenrasen, ein besonders wertvoller Lebensraum für im Boden nistende Solitärbienen und Hummeln, ist heute kaum noch zu finden. Brombeer- und Himbeergebüsch oder Wildstaudenfluren wurden ausgerottet und den in Stängeln nistenden Bienenarten so die Nistplätze entzogen.

An den glatt verputzten Fassaden moderner Häuser finden Mauerbienen keine Fugen und Nischen mehr für ihre Nester. Gern genutzte Nistplätze wie die Stützmauern in Weinbergen wurden durch den ständigen Einsatz von Spritzmitteln für Wildbienen unbewohnbar gemacht. Übliche Lebensräume von Wildbienen wie Lehmwerkgefache, mit Ried und Stroh gedeckte Häuser, alte Holzschuppen, freie Sand- und Kiesflächen, Abbruchkanten an Hohlwegen, Trockenmauern, Kies- und Lehmgruben oder Felsfluren sind ebenso rar geworden wie alte Bauerngärten mit duftenden Kräutern und Blumen, Gemüsebeeten und Obstbäumen, in denen die Insekten Nahrung und Brutstätten fanden.

Blühende Sträucher, Wildblumen und
Trockenmauer bieten Wildbienen Kost und Logis

Und letztlich ist auch unsere moderne Landwirtschaft aus
der Sicht von Wildbienen eine einzige Katastrophe. Kleinere, extensiv genutzte Agrarflächen sind heute fast vollständig verschwunden. Stattdessen blickt man auf riesige
Felder, auf denen man durch den Einsatz moderner Ma-
schinen, chemische Unkraut- und Schädlingsbekämpfung
und erntemaximierende Düngung Höchsterträge erzielt.
Obstbäume und Hecken, die sonst am Feldrand wuch-

11

sen, wurden abgeholzt und farbenprächtige Wildblumen wie Margerite, Kornblume, Klatschmohn, Kornrade oder Ackerwachtelweizen sieht man nicht mehr.

Man kann nun diesen Zustand weiter beklagen, akzeptieren muss man ihn nicht, denn auch im Kleinen lässt sich Vieles für die Verbesserung der Lebenssituation von Wildbienen tun. Die Tiere im eigenen Garten und am Haus anzusiedeln, ist eigentlich ziemlich einfach und sogar möglich, wenn man nur einen Balkon besitzt.

Wildbienen – wenig bekannte Mehrheit unter den Bienen

Nicht jeder weiß mit dem Begriff »Wildbiene« etwas anzufangen und denkt möglicherweise, dass es sich bei Wildbienen um wilde Vorfahren oder verwilderte Exemplare unserer als Haustier gehaltenen Honigbiene handelt. Ebenso wenig bekannt ist vielen von uns, dass nur etwa sieben Prozent unserer heimischen Bienen- und Wespenarten in einem sozialen Staatswesen leben und sich die meisten der bei uns vorkommenden Bienenarten als »Solisten« durchs Leben schlagen. Diese bezeichnen wir als Wildbienen. Daneben gibt es noch eine kleine Gruppe sozial lebender Wildbienen: die Hummeln. In diesem Buch liegt der Schwerpunkt jedoch auf den solitär lebenden Wildbienen.

Was unterscheidet nun eine Honigbiene von einer solitären Wildbiene?

Wenn uns die Märzsonne die ersten warmen Frühlingstage beschert, sind auch die Bienen wieder da, um Nektar und Pollen an Osterglocken oder Weidenkätzchen zu sammeln. Hat eine Honigbiene eine lohnende

Nektarquelle entdeckt, kehrt sie in ihren Stock zurück und lädt ihre Ernte ab. Dann beginnt sie einen nervösen Rundtanz auf einer Wabe oder rempelt aufgeregt ihre Kolleginnen an, um ihnen mitzuteilen, dass sie als Sammlerin fündig geworden ist und sich das Mitkommen lohnt. Eine Honigbiene könnte nicht allein leben. Ihre Erbanlagen sind darauf ausgerichtet, der Gemeinschaft zu dienen, sei es als Arbeiterin oder als Königin, um die sich im Staat der Honigbienen alles dreht.

Ein Wildbienenweibchen dagegen kennt kein Gemeinschaftsleben. Die einzige Verbindung zu Artgenossen besteht während der Paarung. Danach beginnt es ein unabhängiges, arbeitsreiches Leben und zeigt sich dabei als ein Wesen mit vielen Talenten. Mit einer Pollenfracht beladen landet es punktgenau vor seinem Nest und verschwindet in einem kleinen Eingangsloch, hinter dem sich in einer dünnen Röhre die von ihm kunstvoll gebauten Eizellen aneinanderreihen.

Das relativ unauffällige Einsiedlerleben der Wildbienen hat dazu beigetragen, dass man ihnen in der Vergangenheit nur wenig Beachtung schenkte. Zudem sehen viele Wildbienen, vor allem unter den Seiden- und Sandbienenarten, den Honigbienen zum Verwechseln ähnlich, sodass man als Laie einen Unterschied oft gar nicht erkennt. Wildbienen und Honigbienen haben aber wenigstens eine Gemeinsamkeit: Sie befliegen Blüten, ernähren sich vegetarisch von Pollen und Nektar und wenn wir auf ihre unermüdlichen Bestäubungsdienste verzichten müssten, wäre dies für die Natur und für uns selbst vermutlich eine Katastrophe.

In Ermangelung angestammter Lebensräume sind viele Wildbienenarten heute zu Kulturfolgern geworden und suchen nach Hohlräumen aller Kategorien in Gärten, an Wohnhäusern oder Nebengebäuden. Und weil manche

13

Menschen dann nicht so recht wissen, »was sich da eingenistet hat«, werden die harmlosen Insekten auch aus diesen Ersatzlebensräumen oftmals vertrieben. Während der Imker den Honigbienen ein Dach über dem Kopf bietet, befinden sich viele Solitärbienenarten auf Quartiersuche und wir können ihnen mit einem Wildbienenhotel ein Wohnungsangebot machen. Der richtige Platz dafür findet sich nicht nur in einem Garten, sondern auch auf einem Balkon, einer kleinen Terrasse oder an einer begrünten Hauswand. Die Hotelbewohner führen kein gemütliches Leben, denn sie haben viel zu tun, während wir ihnen in Ruhe zuschauen dürfen. Dabei werden wir erleben, dass Wildbienen nicht nur friedfertig, sondern Insekten mit bewundernswerten Fähigkeiten sind, bei denen wir uns fragen müssen, ob wir unsere menschlichen Talente und Fertigkeiten zuweilen nicht doch ein wenig überschätzen.

Blühende heimische Sträucher und Bäume
sind wichtige Nahrungsquellen für Wildbienen

Ein Bund fürs (Über-)Leben

Ohne die Bestäubungsdienste von Bienen und anderen Insekten würden achtzig Prozent unserer Blütenpflanzen von der Erde verschwinden. Sie könnten sich nicht mehr vermehren, keine Früchte und Samen ausbilden. Nur selten machen wir uns bewusst, dass auch die meisten unserer Nutzpflanzen von Insekten bestäubt werden müssen, bevor wir auf eine Ernte hoffen können.

Fleißige Blütenbestäuber

Viele Menschen gehen von der Annahme aus, dass nur Honigbienen und Hummeln für die Bestäubung unserer Kulturpflanzen zuständig sind. Beim Blütenbesuch sehen wir, wie sie Nektar mit ihren Rüsseln saugen und Pollenstaub an ihren feinen Körperhaaren hängen bleibt. Scheinbar spielerisch leicht und doch zielstrebig werden dann die Pollenkörnchen zusammengebürstet, sorgfältig in einem Körbchen an den Hinterbeinen verstaut und per Flug zum Nest transportiert. Honigbienen und Hummeln sind deshalb so beliebt, weil sie unermüdlich fleißig und im Allgemeinen friedlich sind.

Wesentlich argwöhnischer betrachten wir dagegen die anderen seltsamen Pflanzenbesucher, die über wackelige Blütenblätter balancieren oder einen Kopfstand in den Blütenkelchen machen, um Nektar zu saugen. Aufgrund ihrer Ähnlichkeit mit Honigbienen oder Wespen wissen wir nicht, was wir von ihnen halten sollen, denn schließlich gibt es »stichhaltige« Beweise dafür, dass man Wespen nicht über den Weg trauen kann.

Zum großen Teil handelt es sich bei den unbekannten Blütenbesuchern aber um wild lebende Verwandte der

Honigbiene, auf deren Mithilfe bei der Blütenbestäubung die Honigbienen und mit ihnen das gesamte Ökosystem dringend angewiesen sind. Wildbienen kommen allein in Deutschland mit über fünfhundert Arten vor, doch trotz ihrer Nützlichkeit, Artenvielfalt und interessanten Lebensweise ist das Wissen über diese Tiere nicht sehr verbreitet. So ist vielfach nicht bekannt, dass es sich auch bei den beliebten und allseits bekannten Hummeln um Wildbienen handelt. Bei ihren Bestäubungsdiensten haben viele Wildbienen eine zweckhafte Bindung an bestimmte Blütenpflanzen entwickelt, ohne sie gäbe es manche Blume nicht und mancher Obstbaum würde keine Früchte tragen.

Andere Blütenbesucher und -bestäuber, die uns vielleicht mit ihrer gelbschwarzen Hinterleibszeichnung irritieren, sind Schwebfliegen aus der Gruppe der Zweiflügler, während Bienen und Wespen zur großen Ordnung der Hautflügler gehören. Schwebfliegen machen so viele Flügelschläge, dass man ihre Flügel nicht mehr erkennen kann. Sie »stehen« oft regelrecht über den Blüten, können rasant nach oben und unten sowie auch rückwärts fliegen. Schwebfliegen sind völlig harmlos. Sie besitzen keinen Stachel und gaukeln uns ihre Gefährlichkeit nur vor.

Daneben sehen wir Grab-, Schlupf- und Faltenwespen, die ebenfalls an der Bestäubung der Blüten beteiligt sind. In erster Linie aber handelt es sich bei diesen Wespen um Raubinsekten. Ähnlich wie der Hornisse, einer Wespe im Großformat, begegnen wir auch allen anderen Wespen mit einer gewissen Skepsis. Bei einer etwas differenzierteren Betrachtungsweise werden wir aber feststellen, dass die Hornisse eigentlich nicht gefährlich, sondern gefährdet ist, und sich auch die anderen Wespenarten friedlich verhalten, solange man sie in Ruhe lässt.

Bienen und Blüten – perfektes Zusammenspiel

Bienen sind unsere bekanntesten und wichtigsten Bestäubungs- insekten. Sie sind ungewöhn- lich ausdauernd und arbeiten regelrecht ökonomisch, denn sie brauchen große Nektar- und Pollenmengen zur Aufzucht ihrer Larven.

Blüten sind schön und verbreiten einen betörenden Duft, der Bienen und andere Insekten verführt und zur Bestäubung anlockt. Die wichtigsten Fortpflanzungsorga- ne von Pflanzen, die auf die Bestäubung von Insekten an- gewiesen sind, befinden sich im Zentrum der Blüten: die männlichen Staubblätter, die den Pollen produzieren, und die weiblichen Organe mit dem Fruchtknoten und der Narbe. Bei der Bestäubung gelangen die Pollen auf die Narbe und breiten sich dann im Fruchtknoten aus, bis sie die tiefer liegenden Samenanlagen erreichen. Eine Zelle des Pollens befruchtet dort eine Eizelle. Es entsteht ein Samenkorn und schließlich eine neue Pflanzengeneration. Am Grund der Blüte befindet sich Nektar, eine duftende, zuckersüße, bei Schmetterlingen, Bienen und anderen In- sekten begehrte Flüssigkeit. Während die Tiere aus der Nektarquelle trinken, streifen sie über die Staubblätter. Der Pollenstaub bleibt an den Körperhaaren der Insekten hängen und diese transportieren ihn automatisch auf die Narbe der nächsten Blüte. In vielen Fällen ist dieser Pakt zwischen Insekt und Pflanze so eng, dass der eine Partner ohne den anderen nicht existieren kann.

Hosenbienen und Sägehornbienen

Dasypoda und *Melitta*

Ihre markanten Sammelbürsten an den Hinterbeinen haben den Hosenbienen (Gattung Dasypoda*) ihren Namen eingetragen. Hosenbienen (Körperlänge dreizehn bis fünfzehn Millimeter) nisten gern kolonieweise in sonnenbeschienenen Sandböden: in Kies- und Sandgruben, an Wegen und Waldrändern. Die Nistplätze der Bienen erkennt man leicht an den kleinen Sandhügeln, die sie jeweils über dem Hauptgang zu ihren Brutkammern anhäufen. Dieser Hauptgang kann bis zu sechzig Zentimeter in die Tiefe führen und verzweigt sich in mehrere Seitengänge, an deren Enden jeweils eine runde Brutkammer liegt. Wenn die Biene genügend Pollen in die Brutzelle transportiert hat, durchfeuchtet sie ihn mit Nektar und formt ihn zu einer kleinen Kugel, die sie unten mit drei kleinen Füßchen versieht. Vermutlich ermöglichen die Füßchen eine optimale Luftzirkulation, die verhindert, dass der Nahrungsvorrat verschimmelt.*

Sägehornbienen (Gattung Melitta*) kommen in Mitteleuropa mit nur etwa zehn Arten vor. Auffällig sind die langen dichten Sammelhaare an den Hinterbeinen, mit denen größere Pollenmengen festgehalten und transportiert werden können. Sägehornbienen gehören zu den spezialisierten Wildbienenarten, die nur eine einzige Pflanzenart oder eine kleine Gruppe verwandter Pflanzen als Nahrungsquellen nutzen.*

Wie eng die Bindung an eine Pflanzenart sein kann, wird beim Beobachten der Glockenblumen-Sägehorn-

biene Melitta haemorrhoidalis *auf eindrucksvolle Weise deutlich. Die Biene taucht ausschließlich in die blauen Blütenkelche von Glockenblumen ein, befeuchtet den Pollen beim Sammeln mit Nektar und klebt ihn in kleinen Päckchen an ihre Hinterbeine. Die Nacht verbringt die weibliche Biene dann in ihrem Nest, während die Männchen in Glockenblumenblüten schlafen.*

Sägehornbienen zählt man ebenso wie Hosenbienen zur Unterfamilie der Sägehorn-, Hosen- und Schenkelbienen (Melittinae).

Trachtpflanzen: *Korbblütler, vor allem Rainfarn, Bitterkraut, Wegwarte oder Habichtskraut.*
Nisthilfen: *Sand-, Kies- oder Geröllbeete, Steingärten mit sandigem Untergrund, Wege mit breitfugig in Sand verlegten Natursteinplatten.*

Welche Blütenpflanzen Bienen als Nektarquellen nutzen, hängt weitgehend von der Rüssellänge der Insekten ab.

Arten mit kurzen, ein bis drei Millimeter langen Rüsseln, beispielsweise Seiden- oder Maskenbienen, bevorzugen Pflanzen, die ihre Nektarquellen recht freigiebig anbieten wie Doldengewächse, Kreuzblütler oder Hahnenfußgewächse.

Für Sandbienen oder Sägehornbienen mit etwas längeren Rüsseln erweitert sich das Nahrungsspektrum um Pflanzenarten, deren Nektar schon schwieriger zu erreichen ist, beispielsweise Rosengewächse oder bestimmte Rachenblütler.

Mauerbienen oder Blattschneiderbienen mit Rüssellängen von vier bis sieben Millimetern befliegen zusätzlich Lippen-, Schmetterlings- oder Rachenblütler, bei denen der Weg zum Nektar noch weiter ist.

Langhornbienen oder Pelzbienen mit einer Rüssellänge von sieben bis neun Millimetern findet man schließlich auch an sogenannten Hummelblumen, bei denen die Nektardrüsen am Grund von langen, engen Blütenschläuchen liegen.

Wie perfekt Bienen mit den raffinierten Mechanismen zurechtkommen, die Blüten entwickelt haben, um sich exklusiv von ihnen bestäuben zu lassen, wird am Beispiel des Salbeis auf besonders eindrucksvolle Weise deutlich. Die Salbeiblüte verfügt über einen präzisen Hebelmechanismus, den Schmetterlinge mit ihren feinen Haarrüsseln nicht auslösen können. Um an die Nektarquelle zu gelangen, müssten sie erst einmal die am unteren Ende beweglich aufgehängten Staubblätter beiseite schieben, was ihnen mit ihren »schwachen« Rüsseln nicht gelingt. Das ist sinnvoll, weil die Schmetterlinge mit ihren sehr langen Rüsseln den Nektar saugen könnten, ohne die Blüte zu bestäuben. Für Bienen oder Hummeln mit ihren kräftigeren Rüsseln ist das Aufhebeln kein Problem, und die Salbeiblüte hat vorgesorgt, damit ihre Besucher genügend Pollen mit nach draußen nehmen. Denn sobald die Biene ein Stück weit in die Blüte hineingekrochen ist, den Hebelmechanismus ausgelöst hat und Nektar saugt, senken sich zwei lange Staubblätter über ihren behaarten Körper und pudern ihn mit Pollen ein. Gelb vom Blütenstaub besucht die Biene dann eine andere Salbeiblüte und es gelangen einige Pollenkörner auf deren Narbe. Damit hat die Pflanze ihr Ziel erreicht. Die Biene selbst aber hätte nichts davon, wenn sie nicht imstande wäre, die Pollen, die ihr am Körper, an Beinen und Fühlern haften, zusammenzufegen, festzuhalten und als Futter zu ihrem Nest zu transportieren.

Die Rüssellänge ist der eine Faktor beim Blütenbesuch. Die Beschaffenheit der Körperhaare ist der andere.

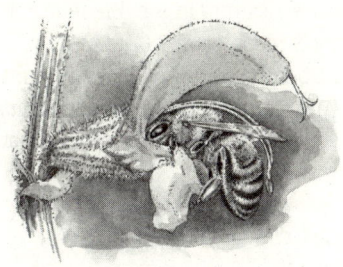

Bienen brauchen Blüten und Blüten
brauchen Bienen zum (Über-)leben

Die urtümlichen, entwicklungsgeschichtlich sehr alten Maskenbienen, die keine besonderen Sammeleinrichtungen besitzen, mit denen sie Blütenstaub in größeren Mengen transportieren können, verschlucken Nektar und Pollen an der Sammelstelle, bringen diesen Nahrungsbrei im Kropf zum Nistplatz und würgen ihn dort wieder hervor.

Die »modernen« Bienen haben »Transportmittel«, die aus einer besonderen Haaranordnung an einem Körperteil bestehen. Die Haare werden als Kämme, Bürsten, Pollenschieber oder Sammelkörbchen benutzt.

Die »Beinsammler«, zu denen die meisten der Pollen sammelnden Bienenarten gehören, bürsten zunächst mit ihren Beinhaaren den auf ihrem Körper verstreuten Blütenstaub zusammen und streifen ihn in »Pollenspeichern« an den Hinterbeinen ab. Manche »Beinsammlerarten« wie Furchen- oder Seidenbienen bringen die Pollenernte trocken ein. Hummeln, Sägehornbienen oder Honigbienen befeuchten den gesammelten Pollen dagegen immer wieder mit Nektar, damit er sich besser transportieren lässt.

Bei den Pollen sammelnden Bienenarten finden wir schließlich noch die kleinere Gruppe der »Bauchsammler« mit einer besonders entwickelten Sammelbürste an der Körperunterseite. Zu dieser Gruppe zählen weniger als hundert Arten. Die Bürste besteht aus steifen, leicht

Bienenfleißig

Das Sammeln von Nektar, dem Ausgangsstoff für den späteren Honig, ist für die Honigbiene eine mühsame Angelegenheit. Sie muss 1.500 Kleeblüten besuchen, um ihren winzigen Honigmagen zu füllen, ein besonderes Organ, das sich im Laufe der Evolution entwickelt hat. Zwischen ihm und dem Mitteldarm befindet sich ein Ringmuskel, der den Übertritt des Nektars in den Verdauungsgang der Sammlerin verhindert. Es wird gerade so viel durchgelassen, wie die Biene für ihre Ernährung benötigt. Die Hauptmenge wird im heimatlichen Stock als Winterfutter eingelagert.

nach hinten gerichteten Haaren, zwischen denen sich beim Hin- und Herbewegen über den Staubgefäßen beachtliche Pollenmengen sammeln, die dann zum Nest transportiert und mit den Hinterbeinen abgekehrt werden.

Wildbienen und Wildpflanzen

Honigbienen haben mit ihrer Tanzsprache eine faszinierende Möglichkeit entwickelt, einander mitzuteilen, wo eine lohnende Futterquelle liegt, denn nur durch ihren kollektiven Sammelfleiß können sie genügend Larvennahrung in den heimatlichen Stock eintragen. Die große Schar ihrer Sammlerinnen findet man deshalb vor allem auf ausgedehnten Agrarflächen oder Plantagen mit blühenden Nutzpflanzen und Obstbäumen, für die sie gleichzeitig die wichtigsten Bestäuber sind.

Wildbienen dagegen kommunizieren nicht auf diese Art miteinander und sie verfolgen keine gemeinsame Sammelstrategie. Sie besuchen vor allem Blütenpflanzen, die verstreut in der Landschaft vorkommen und deshalb von den Sammlerinnen des Honigbienenvolkes kaum beachtet werden. Aufgrund ihrer Artenvielfalt und eines deshalb großen Nahrungsspektrums sind Einsiedlerbienen vor allem für unsere heimische Wildpflanzenflora die wichtigsten Bestäubungsinsekten. Wobei die einzelnen Wildbienenarten recht unterschiedliche Nektar- und Pollenquellen wählen. Wildbienenarten, die Blütenpflanzen aus verschiedenen Pflanzenfamilien anfliegen, werden dabei als unspezialisiert oder polylektisch bezeichnet. Oligolektische, stark spezialisierte, Solitärbienenarten halten sich dagegen an eine bestimmte Pflanzengattung, mitunter auch nur an eine einzelne Pflanzenart. Eine derart enge Beziehung zu Futterpflanzen findet man beispielsweise bei der Heidekraut-Sandbiene *Andrena fuscipes* mit ihrer Spezialisierung auf Erikagewächse oder bei der Zahntrost-Sägehornbiene *Melitta tricincta,* die an den Pollen des Roten Zahntrostes als Nahrungspflanze gebunden ist.

Schenkelbiene
Macropis labiata

Wie die Hosenbiene (siehe Seite 18) ist auch die Schenkelbiene (Körperlänge acht bis neun Millimeter) zum Sammeln und Transportieren großer Pollenmengen befähigt. Beim Beobachten dieser relativ häufig vorkommenden Biene kann man erkennen, dass sie oft mit einer beträchtlichen Pollenfracht an den stark verbreiterten und behaarten Hinterbeinen beladen ist.

Schenkelbienen gehören zu den wenigen heimischen Wildbienenarten, die Feuchtgebiete besiedeln und Blütenpflanzen in den Uferbereichen von Teichen, Flüssen oder Wassergräben als Nahrungsquellen nutzen. Haupttrachtpflanze scheint der Gewöhnliche Gilbweiderich zu sein. Die Biene besucht aber auch die nektarreichen Blüten anderer Sumpfpflanzen wie Sumpfkratzdistel oder Blutweiderich.

Wo sind die Wildpflanzen geblieben?

Vor zweihundert Jahren war die Tier- und Pflanzenwelt hierzulande noch weitgehend in Ordnung. Im 19. Jahrhundert begann dann eine Landschaftsumwandlung, die selbst für heutige Verhältnisse kaum vorstellbar ist. Mit rasanter Geschwindigkeit wurden große, bis dahin kaum berührte Naturareale zerstört, um Platz für Siedlungen, Straßen, Industrien und Äcker zu schaffen. Trotzdem gab es immer noch genügend Rückzugsgebiete für Tiere und Pflanzen und auch eine abermalige wirtschaftliche Explosion zu Beginn des 20. Jahrhunderts brachte unsere heimische Fauna und Flora nicht ernsthaft in Bedrängnis.

Mit den Wirtschaftswunderjahren nach dem Zweiten Weltkrieg wurde die Natur dann im öffentlichen, industriellen, landwirtschaftlichen und ebenso im privaten Bereich immer mehr zurückgedrängt. Der technische Fortschritt, ganz auf die Bedürfnisse des Menschen ausgerichtet, erfasste Städte wie ländliche Gebiete gleichermaßen. Mit Gewerbeansiedlungen auf der grünen Wiese wurde und wird auch das Verkehrsnetz immer dichter, und neu geschaffene Kulturflächen im Agrar- und Forstbereich nehmen zu. Eine intensive Weidenutzung verdrängt die Wildblumengesellschaften der Wiesen immer mehr. Bescheiden blühende Wildpflanzen an Feldrainen, Straßenböschungen und Wirtschaftswegen, begehrte Nektarquellen für solitäre Bienen, werden von vielen Menschen als Unkraut angesehen und sind dementsprechend unerwünscht. Von den intensivierten Anbaumethoden und Flurbereinigungsmaßnahmen profitiert auch die chemische Industrie und bringt Düngemittel auf den Markt, ohne die der normale Landwirt kaum mehr existieren kann. Viele Wildpflanzenarten sind an Magerböden mit geringem Humusanteil angepasst und die im Kunstdünger enthaltenen hohen Nährstoffkonzentrationen sind für sie unverträglich. Sie verkümmern oder werden von Konkurrenzpflanzen verdrängt, die mit der chemischen Düngung umso besser gedeihen.

Dazu gibt es auch immer neue Gifte gegen jeden »Schädling«: Herbizide gegen Unkräuter, Insektizide gegen Milben, Fungizide gegen Pilze oder Mehltau, Rodentizide gegen Nager, Molluskizide gegen Schnecken. Um das Umfeld menschlicher Siedlungen zu verschönern oder Erholungsgebiete zu schaffen, begannen auch die Kommunen, unkultivierte Flächen mit wilden Brombeergebüschen und einer üppig blühenden Randflora zu roden, um diese Flächen dann mit Ziersträuchern zu bepflanzen oder in Rasenflächen zu verwandeln.

Und schließlich erhielten auch viele Gärten ein neues Gesicht. Die Streuobstwiese oder der Bauerngarten, in dem Obstbäume, Beerensträucher, Gemüsepflanzen, Küchenkräuter, Rittersporne, Dahlien, Sonnenblumen oder Astern eine bunte Mischung ergaben und Wildbienen vom Frühjahr bis in den Herbst hinein immer eine Nahrungsquelle finden, kamen aus der Mode. Der Anbau von Obst und Gemüse lohnt sich für viele Menschen nicht mehr, denn schließlich gibt es alles im Supermarkt. Nach dem erfolgten Hausbau steckt mancher Gartenbesitzer viel Geld in die repräsentative Ausstattung seines Gartens und mancher Nachbar versucht den anderen darin zu überbieten. Zuchtformen exotischer Pflanzen, viel opulenter in ihrer Blütenpracht als hiesige Wildblumen in ihrer bescheidenen Anmut, sollen die Gärten ansehnlich machen, aber unsere Wildbienen ignorieren die fremden Schönhei-

Wildpflanzen blühen auch im Topf auf Balkon und Terrasse

ten. Die meist hoch spezialisierten Insekten zeigen unmiss-
verständlich, welche Sträucher, Bäume oder Blumen sie
bevorzugen: nämlich heimische. Das ist so, weil die Sym-
biose, die sie mit ihren spezifischen Pflanzenarten einge-
gangen sind, oft so eng ist, dass die Bienen ohne das Vorkommen der Pflanzen verhungern müssten. Andererseits
haben sich die Blüten vieler Pflanzen in Millionen von Jahren so entwickelt, dass sie auf bestimmte Wildbienenarten
mit angepassten Mundwerkzeugen als Bestäuber und Sa-
menverbreiter angewiesen sind.

Obwohl sich die Situation unserer Wildbienen und damit zwangsläufig auch jener Wildpflanzen, von deren
Nahrungsangebot die Tiere abhängig sind, in den letzten
Jahrzehnten immer weiter verschlechtert hat, geschieht
im öffentlichen Bereich bisher kaum etwas, um ihr Über-
leben zu sichern. Deshalb bekommen Privatgärten als

Zufluchtsorte für die bedrohte Tier- und Pflanzenwelt eine immer größere Bedeutung. Es sind allerdings die Zeiten vorbei, in denen sich bunt blühende Wildpflanzen im Garten von selbst ansiedelten, und an den Einwanderern, die sich durch Samenflug bei uns ausbreiten, etwa Huflattich, Giersch, Vogelknöterich oder Quecke, hat selbst der toleranteste Gärtner selten Freude. Das, was von allein kommt, wollen wir meist nicht haben, und Arten, die wir uns wünschen, wie Glockenblumen, Klappertopf, Esparsette, Wiesensalbei oder Wiesenflockenblume, können uns häufig nicht mehr erreichen. Ein Blick über den Gartenzaun zeigt uns allzu oft, dass es sie in der Umgebung unseres Gartens nicht mehr gibt. Paradoxerweise sind Wildblumen, denen man früher kaum Beachtung schenkte, weil sie fast an jeder Ecke blühten, heute so selten geworden, dass man sie sich in Form von gekauften Samen oder Jungpflanzen in den Garten holen muss, und weil sich die Wildblumenflora in ihrer einstigen Vielfalt nicht mehr selbst regenerieren kann, sollte man es eigentlich auch tun. Man muss einen konventionellen Garten deshalb nicht umkrempeln; Wildpflanzen gedeihen an fast allen Standorten, sogar in Gefäßen auf der Terrasse oder dem Balkon. Mit etwas Überlegung kann man so seine Umgebung durch kleine, bisher nicht gekannte Blumenschätze bereichern und gleichzeitig etwas für unsere heimischen Wildbienen tun.

Im zeitigen Frühjahr und Herbst gibt es nur wenige blühende Pflanzen. Attraktive Früh- und Spätblüher im Garten, an denen Bienen Nektar und Pollen sammeln können, gehören dann zu den gern besuchten – und manchmal auch überlebenswichtigen – Nahrungsquellen (siehe ab Seite 36).

Wildbieneneinsatz für die Bestäubung

Dass sich Wildbienen nicht nur an Wildpflanzen mit ihrem geringen Nektar- und Pollenangebot halten, sondern auch bei der Bestäubung von Kulturpflanzen eine wichtige Rolle spielen, haben amerikanische Farmer schon in den 1950er-Jahren erkannt. Sie setzen Wildbienen, die in Nisthilfen angesiedelt werden, gezielt zur Bestäubung von Futterpflanzen wie Luzerne oder Rotklee ein, weil die Bestäubungsleistung der Wildbienen bei diesen Pflanzenarten besser als die der Honigbienen ist. Lange Zeit wurden die Bestäubungsdienste, die Einsiedlerbienen neben den Honigbienen auch an Obstbäumen, Beerensträuchern oder Gemüsepflanzen erbringen, kaum wahrgenommen oder als selbstverständlich betrachtet. Größere Anerkennung für ihre stille Bestäubungsarbeit erhalten die Wildbienen erst, seit sich die Honigbiene in einer Krise befindet.

Auch Honigbienen, die klassischen Blütenbestäuber, werden schon seit Langem gezielt eingesetzt, um die Ernteerträge zu verbessern. Dabei wurden sie in der Vergangenheit auch hin und wieder von einem Kontinent zum anderen verfrachtet. Auch hierzulande sollten solche Neubürger effektivere Bestäubungsleistungen erbringen oder die Honigerträge steigern. Da man die Bienen gleichzeitig aber in ein für sie fremdes Ökosystem entließ, kam es zu unvorhergesehenen Problemen. Das bekannteste und größte Übel, die Varroamilbe *(Varroa destructor)*, kam schon vor etwa dreißig Jahren mit asiatischen Importbienen (vermutlich *Apis cerana)* nach Europa. Die asiatischen Verwandten unserer Honigbiene ist man nach und nach wieder

29

losgeworden. Die durch sie eingeschleppten Parasiten aber sind geblieben und fühlen sich, zur Bestürzung der Imker, in den Brutzellen der hiesigen Honigbienen offenbar sehr wohl. Die Varroamilbe wird hierzulande inzwischen in den Bienenstöcken als Dauerplage akzeptiert.

Doch nicht nur Parasiten machen der Honigbiene das Leben schwer. Im Gegensatz zur hiesigen Imkerei, die meist über Generationen hinweg als Liebhaberei betrieben wird, verleihen amerikanische Berufsimker ihre Bienenvölker vielfach an große Landwirtschaftsunternehmen und sind gezwungen, die mit ihnen geschlossenen Bestäubungsverträge zu erfüllen. Dabei werden die Bienen oft über mehrere tausend Kilometer zu den verschiedenen Agrarflächen transportiert und sammeln Nektar und Pollen auf riesigen Monokulturen. Ein plötzliches Massensterben in jüngster Vergangenheit, bei dem in den USA Bienenvölker etwa im Umfang der hiesigen Imkerei zugrunde gingen, machte die Öffentlichkeit verstärkt auf die Honigbiene aufmerksam.

Das besondere Symptom dieses Bienensterbens ist der rasante Zusammenbruch des betroffenen Volkes: Die Königin legt weiterhin Eier, aber die für die Brutpflege zuständigen erwachsenen Arbeitsbienen sind plötzlich – und spurlos – verschwunden. Zurück bleiben Bienenlarven, die in ihren Waben verkümmern, weil es im Stock nur noch wenige Jungbienen gibt, welche die aufwendige Brutpflege nicht mehr bewältigen können. Über die Gründe des Massensterbens wird viel diskutiert und es kursieren zahlreiche Spekulationen. Ein Imkereiwesen, das zur marktorientierten Bestäubungsindustrie geworden ist und Bienenvölker an die Grenze der Belastbarkeit bringt, wird dabei ebenso in Betracht gezogen wie gentechnisch veränderte Pollen, der massive Einsatz von Pflanzenschutzmitteln oder die Varroamilbe, die, auch in den USA längst etabliert, den Varroaziden trotzt, mit denen man sie bekämpfen will.

Da Honigbienen also offenbar doch nicht so standfest sind wie angenommen, stellt sich für Wissenschaftler zumindest hypothetisch die Frage: Was passiert, wenn Honigbienen als Blütenbestäuber in noch bedrohlicherem Maße oder gar einmal ganz ausfallen? Deshalb untersucht man Wildbienen schon seit Längerem in Forschungsinstituten auf ihre Eignung als Bestäubungsinsekten. So wird zum Beispiel von Wissenschaftlern der Universität Rostock auf einer über zweihundert Hektar großen Anbaufläche mit Apfel-, Birn- und Pflaumenbäumen die Rote Mauerbiene als Bestäubungsinsekt getestet. Ziel des Projektes ist es, herauszufinden, ob die robusten Einsiedlerbienen die

Wildbienen bestäuben Obstbäume,
Beerensträucher und Gemüsepflanzen

kollektiven Bestäubungsdienste von Honigbienen im Notfall übernehmen können.

Honigbiene

Apis mellifera

Zu einem Honigbienenvolk gehören unfruchtbare weibliche Arbeitsbienen, eine fortpflanzungsfähige weibliche Biene, die Königin, und im Frühjahr und Sommer auftretende männliche Bienen, die Drohnen.

Angesichts ihrer verblüffenden Fähigkeiten, zu denen neben dem Produzieren von Honig und Wachs auch eine eigene Sprache gehört, ist es eigentlich nicht verwunderlich, dass die Honigbiene zum Sympathietier der Menschen und gleichzeitig zum einzigen Haustier unter den Insekten wurde.

Honigbienen leben in perfekt funktionierenden Sozialstaaten, wo tausende Bienen zum Wohle der Gemeinschaft wirken. Jedem Einzeltier schreibt die Natur vor, was es zu tun hat, und auch die Königin solch eines Bienenstaates ist keine Monarchin im menschlichen Sinne, sondern eine Dienerin: Ihr Dasein erhält seine Legitimation einzig durch den Dienst des Eierlegens. Im Laufe eines Jahres legt die Königin 100.000 bis 150.000 Eier in sechseckig geformten Brutzellen, den Waben, ab. Aus den Eiern entwickeln sich Larven – Arbeiterinnen, Königinnen und Drohnen –, die von Arbeitsbienen gefüttert werden. Drohnen entwickeln sich aus unbefruchteten Eiern, Königinnen und Arbeiterinnen aus befruchteten Eiern.

Entscheidend für die Entwicklung einer Larve zu einer Königin oder zu einer Arbeiterin ist allein die

Art der Fütterung. Während der ersten drei Tage nach dem Schlüpfen werden alle Bienenlarven mit einem besonderen »Königinnenfutter« versorgt. Nach drei Tagen wird denjenigen Larven, aus denen Arbeiterinnen mit verkümmerten Eierstöcken werden, dieses »Gelée royale« entzogen, und sie werden auf Normalkost gesetzt. Nur die künftigen Königinnen bekommen weiterhin dieses Futter. Die Larven verpuppen sich, und aus der Puppe schlüpft schließlich eine junge Honigbiene. Die Entwicklung vom Ei bis zum fertigen Insekt dauert bei einer Königin sechzehn Tage, bei der Arbeiterin drei Wochen und beim Drohn 24 Tage.

Eine junge Arbeitsbiene ist zunächst als Putzbiene im Innendienst beschäftigt. Sie säubert die Zellen und sorgt für Ordnung, indem sie tote Artgenossen aus dem Stock wirft oder auch solche, die keine Funktion mehr haben oder im Verhalten abweichen. Danach wird sie »Babysitterin«, denn in ihrem Kopf haben sich besondere Futtersaftdrüsen entwickelt, und sie kann jetzt die Larven füttern. Später werden ihre Wachsdrüsen, die sich hinter den vier mittleren Bauchschuppen befinden, funktionsfähig. Mit den Wachsplättchen, die sie ausscheidet, repariert die Biene nun beschädigte Zellen oder erstellt neue Waben. Sie ist Baubiene geworden. Stellen die Wachsdrüsen ihre Tätigkeit ein, wird die Baubiene zur Wächterbiene. Sie kontrolliert die heimkehrenden Flugbienen vor dem Flugloch und prüft ihre Volkszugehörigkeit. Wer nicht den volkseigenen Geruch aufweist, wird abgewiesen oder abgestochen. Danach wechselt die Biene zum letzten Mal den »Beruf«. Sie wird Trachtbiene und trägt bis an ihr Lebensende unermüdlich Pollen, Nektar, Honigtau und Wasser für die Ernährung ihres Volkes in den Bau. Vier bis sechs Wochen nachdem sie aus ihrer Zelle geschlüpft ist, stirbt die Arbeitsbiene dann an Altersschwäche.

Die überwinternden Bienen erreichen dagegen ein Alter von sechs bis acht Monaten. Sie ziehen sich zu Beginn der kalten Jahreszeit in die Mitte des Stockes zurück und drängen sich dort zu einem dichten Klumpen zusammen. Sie halten aber keinen Winterschlaf, sondern wärmen sich in dieser sogenannten Wintertraube gegenseitig durch kollektives Muskelzittern und wechseln ständig die Plätze von innen nach außen. Sie ernähren sich dabei von ihren Vorräten.

Etwa eine Woche bevor im Frühsommer die Jungköniginnen schlüpfen, verlassen die alte Königin und etwa die Hälfte des Bienenvolkes den Stock, um in eine neue Behausung umzuziehen. Schon kurz nach dem Ausflug lässt sich der Bienenschwarm auf einem Ast oder Zweig nieder und wartet auf zuvor ausgeflogene Kundschafterinnen, die sich bereits auf Wohnungssuche befinden. Sobald diese ein geeignetes Quartier gefunden haben, zieht der gesamte Schwarm um. Da eine Königin vier oder fünf Jahre alt werden kann, steht ihr ein Umzug gegebenenfalls mehrmals im Leben bevor. Eine einjährige Königin schwärmt in der Regel kaum, bei älteren Königinnen ist dies wahrscheinlicher. Nachdem die erste Jungkönigin im alten Stock geschlüpft ist, räumt sie Rivalinnen, weitere Königinnen, die sich noch in ihren Königinnenzellen *befinden, aus dem Weg; sie werden in der Regel erstochen. Manchmal verlässt auch eine der Jungköniginnen – sofern sie nicht erstochen wird – mit einem Teil der im Stock verbliebenen Tiere im so-*genannten Nachschwarm das Muttervolk und sucht sich eine neue Behausung.

Nachdem sie sich ihrer Rivalinnen entledigt hat, lässt sich die Jungkönigin von Arbeiterinnen noch eine Weile umsorgen und füttern und begibt sich anschließend auf den Hochzeitsflug. Dieser führt sie zu einem weit entfernten Platz, wo sich Drohnen aus der gesamten Umgebung versammelt haben. Während ihrer mehrmaligen Hochzeitsflüge wird die Königin bis zu 15 Mal von Drohnen begattet, die in der Regel von anderen Völkern stammen. Die Paarung erfolgt im Flug und derjenige Drohn, der beim Werben um die Gunst der Königin erfolgreich war, muss es mit dem Leben bezahlen, denn sein gesamter Geschlechtsapparat wird ihm nach dem Paarungsakt aus dem Körper herausgezogen. Die übrigen Drohnen haben keine Funktion mehr im Bienenvolk. Da sie nicht imstande sind, sich selbst zu ernähren, und von Arbeiterinnen gefüttert werden müssen, werden sie nur noch eine Weile geduldet. Danach werden sie getötet oder aus dem Stock geworfen und verhungern nach wenigen Tagen. Nach dem Hochzeitsflug zieht sich die Königin zum Eierlegen in ihren Stock zurück und verlässt ihn erst im folgenden Frühjahr wieder, bevor neue Jungköniginnen schlüpfen.

Frühlings- und Herbstblüher für hungrige Bienen

Vorfrühling und Frühling

Deutscher Name *Botanischer Name*	Blütezeit (Monate)	Blütenfarbe	besondere Bodenansprüche	Standort
Christrose *Helleborus niger*	12 – 3	weiß, hellrosa	nein	schattig
Echte Küchenschelle *Pulsatilla vulgaris*	2 – 4	violett	nein	sonnig, halbschattig
Fingerküchenschelle *Pulsatilla patens*	3 – 4	blauviolett	nein	sonnig, halbschattig
Frühlingskrokus *Crocus vernus*	3 – 5	blauviolett	eher nährstoffreich	sonnig, halbschattig
Gelbes Windröschen *Anemone ranunculoides*	3 – 5	gelb	feucht, humusreich	halbschattig
Hohe Schlüsselblume *Primula elatior*	3 – 5	hellgelb	nährstoffreich, kalkhaltig	sonnig, halbschattig

Deutscher Name *Botanischer Name*	Blütezeit (Monate)	Blütenfarbe	besondere Bodenansprüche	Standort
Hohler Lerchensporn *Corydalis cava*	3 – 5	rot, weiß	eher nährstoffreich	schattig
Kleines Immergrün *Vinca minor*	3 – 6	blau	anpassungsfähig	halbschattig, schattig
Sibirischer Blaustern *Scilla siberica*	3 – 4	himmelblau	nein	sonnig, halbschattig
Stängellose Schlüsselblume *Primula vulgaris*	2 – 4	hellgelb	eher nährstoffreich	sonnig, halbschattig
Übersehene Traubenhyazinthe *Muscari neglectum*	3 – 5	violett	nein	sonnig, halbschattig
Weißer Krokus *Crocus albiflorus*	3 – 5	weiß	eher nährstoffreich	sonnig, halbschattig
Wiesengelbstern *Gagea pratensis*	3 – 4	gelb	nährstoffreich	sonnig, halbschattig

Spätsommer und Herbst

Deutscher Name *Botanischer Name*	Blütezeit (Monate)	Blütenfarbe	besondere Bodenansprüche	Standort
Alpenveilchen *Cyclamen purpurascens*	6 – 11	rotviolett	frischhumos, auch kalkhaltig	halbschattig, schattig
Deutscher Enzian *Gentiana germanica*	5 – 10	violett	mager	sonnig
Gartenringelblume *Calendula officinalis*	6 – 10	gelbrötlich	locker, humos	sonnig
Glatte Aster *Aster laevis*	8 – 11	blauviolett	locker, humos	sonnig
Herbstblaustern *Scilla autumnalis*	9 – 11	rotblau	nein	sonnig, halbschattig
Neubelgische Aster *Aster novi-belgii*	8 – 11	lila	locker, humos	sonnig

Deutscher Name *Botanischer Name*	Blütezeit (Monate)	Blütenfarbe	besondere Bodenansprüche	Standort
Neuenglische Aster *Aster novae-angliae*	9 – 11	blauviolett	locker, humos	sonnig
Prachtnelke *Dianthus superbus*	6 – 10	lila	feucht	sonnig
Rundblättrige Glockenblume *Campanula rotundifolia*	6 – 10	blau	sandig, mager	sonnig
Safrankrokus *Crocus sativus*	9 – 11	blauviolett	feucht, nährstoffreich	sonnig, halbschattig
Silberdistel *Carlina acaulis*	7 – 9	strohgelb	trocken, durchlässig	sonnig
Sprossende Felsennelke *Petrorhagia prolifera*	6 – 10	rosarot	sandig, mager	sonnig
Zierliche Kapuzinerkresse *Tropaeolum peregrinum*	6 – 10	vielfältig	locker, humos	sonnig, halbschattig, nicht heimisch

Wildbienenleben

Viele Arten, Lebensweisen und Talente

Weltweit gibt es etwa dreißigtausend Wildbienenarten. Davon sind über fünfhundert Arten in Mitteleuropa heimisch, die von Insektenkundlern derzeit in eine Familie, sechs Unterfamilien und eine Vielzahl von Gattungen unterteilt werden (siehe auch ab Seite 159).

Die große Mehrzahl der Wildbienenarten kennt keinerlei soziale Bindungen und lebt solitär. Ein einzelnes Weibchen baut die Brutkammern und trägt Pollen und Nektar ein. Die Mischung aus Pollen und Nektar dient den Larven später als Nahrung. Dann legt das Weibchen Eier ab und überlässt deren Entwicklung dem Selbstlauf der Natur.

Zwischen sozialer und solitärer Lebensweise gibt es viele Nebenformen. Einige Furchenbienenarten bauen zwar gemeinsam ein Nest, aber jedes der Weibchen sorgt nur für seine eigenen Nachkommen (siehe nebenstehendes Porträt). Bei anderen Arten wird bereits eine Vorstufe zu sozialer Lebensweise erkennbar. Die Weibchen betreiben nicht nur Brutfürsorge, sondern auch Brutpflege. Sie bewachen also das Nest, füttern die Larven und erleben das Schlüpfen ihrer Nachkommen. Die nächste Stufe zu einfachen sozialen Lebensformen wird dort sichtbar, wo mehrere Weibchen einer Generation eine gemeinsame Nestanlage nutzen, und die Nachkommen bei ihren Müttern bleiben und diesen beim Ausbau des Nestes oder der Versorgung des weiteren Nachwuchses behilflich sind.

Hummeln, die wir als soziale Wildbienen bezeichnen, leben dagegen in Staatsgebilden, die denen der Honigbienen sehr ähnlich sind. Daneben gibt es auch Bienenarten, die völlig auf den eigenen Nestbau verzichten. Ihnen fehlen auch die nötigen Einrichtungen zum Sammeln und Transportieren von Pollen. Diese sogenannten Kuckucksbienen dringen unbemerkt in die Behausungen anderer Bienen ein und legen ihre Eier in deren Brutzellen ab.

Vierbindige Furchenbiene

Halictus quadricinctus

Die Vierbindige Furchenbiene gehört zur Gattung der Furchenbienen (Halictus).

Die Männchen dieser Gattung haben ebenso wie die Männchen der nahe verwandten Gattung Lasioglossum *einen auffällig schmalen Körper, daher auch der Name »Schmalbienen«. Der Sammelbegriff »Furchenbienen« ist von einer kleinen unbehaarten Längsrinne auf dem letzten Hinterleibsring der Weibchen abgeleitet.*

Bei den Furchenbienen findet man sowohl allein lebende als auch Staaten bildende, soziale Arten, aber auch interessante Zwischenstufen. Die Brutstätten werden oft kolonieweise in Sand- oder Lehmböden angelegt und bestehen aus einem Hauptgang mit verzweigten Seitengängen, an deren Enden jeweils eine Brutzelle liegt. Die Weibchen mancher Arten benutzen einen gemeinsamen Haupteingang, sorgen aber in einzeln genutzten Seitengängen allein für die eigenen Brutzellen und ihren Nachwuchs. Bei anderen Arten ist bereits eine Vorstufe zur sozialen Lebens-

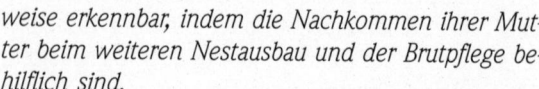

weise erkennbar, indem die Nachkommen ihrer Mutter beim weiteren Nestausbau und der Brutpflege behilflich sind.

Ihren deutschen Namen verdankt die Vierbindige Furchenbiene Halictus quadricinctus, *die größte heimische Furchenbiene (Körperlänge fünfzehn bis sechzehn Millimeter), vier weißen Binden auf dem Hinterleib.*

Beim Nestbau gräbt das Weibchen in Lehmboden einen etwa zehn Zentimeter langen Gang, der schräg nach unten führt und an dessen Ende es etwa zwanzig kreisrunde, eng beieinanderliegende Brutzellen anlegt. Die einzelnen Zellen werden innen mit Speichel verfestigt und geglättet. Danach entfernt das Bienenweibchen das Erdreich um das wabenartige Nestgebilde mit großer Präzision und Kunstfertigkeit: Das Wabennest steht nämlich am Ende nur noch auf hauchdünnen Stützpfeilern, die mit einem stabilisierenden Sekret durchtränkt sind, sodass das filigrane Bauwerk nicht einstürzen kann. Durch die Rundumbelüftung, die damit erreicht wird, sind Dauerfeuchtigkeit und eine Verpilzung des Nestes weitgehend ausgeschlossen – eine Gefahr, die vielen Niststätten der im Boden nistenden Wildbienen droht.

Vierbindige Furchenbienen zeigen eine Tendenz zur sozialen Lebensweise. Das Weibchen bewacht das Nest, füttert die Larven und erlebt das Schlüpfen ihrer Nachkommen. Durch den Verlust natürlicher Lebensräume wie Trockenhänge in Hohlwegen oder Lehm- und Kiesgruben ist die Vierbindige Furchen-

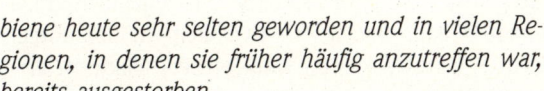

> *biene heute sehr selten geworden und in vielen Regionen, in denen sie früher häufig anzutreffen war, bereits ausgestorben.*
>
> *Künstliche Nisthilfen werden nur im Ausnahmefall angenommen. Die Bienen fliegen von Juli bis September und besuchen vor allem Korbblütler.*

Solitär, also einzeln lebende Bienen brauchen spezielle Lebensräume, in denen sie ihre ober- oder unterirdischen Nestanlagen errichten können.

Grundsätzlich wählen sie für ihre Brutstätten sonnenbeschienene Orte mit guter Durchlüftung. Die Sonnenwärme und Luftzirkulation bewirken, dass der Bau nach einem Regenguss schnell wieder abtrocknet. Das ist wichtig, weil das Eigelege oder der eingetragene Pollenvorrat bei Dauerfeuchtigkeit verpilzen würde. Neben diesem allgemein vorhandenen Grundbedürfnis nach Wärme und Trockenheit stellen die einzelnen Wildbienenarten aber ganz unterschiedliche, erblich festgelegte Ansprüche an ihre Brutstätten, die sich grob in zwei Varianten unterteilen lassen:

- Weibchen der Ur- und Seidenbienen graben Niströhren in Sand- und Lehmböden und legen darin ihre Brutzellen an, die sie mit einem schnell härtenden Sekret aus einer Hinterleibsdrüse auskleiden. Diese wasserabweisende Substanz sorgt im Inneren der Zelle für eine konstante Luftfeuchtigkeit, die verhindert, dass das Eigelege verschimmelt oder verpilzt. Außerdem gewährleistet sie, dass das Nest auch bei starken Regengüssen nicht überschwemmt und zerstört wird.

- Dagegen verwenden Mauer-, Mörtel- und Blattschneiderbienen beim Bau ihrer Nester keine reinen körpereigenen Sekrete, sondern verschiedene Naturmaterialien wie Sand, Steinchen, Lehm, Tierhaare, Fasern von Pflanzenstängeln, Pflanzenmark oder zerkleinerte Blattstückchen. Zum Teil werden diese Baustoffe auch miteinander vermischt, durchgekaut und durch die Zugabe von Speichel oder Nektar in formbaren Mörtel verwandelt. Die meisten Arten dieser Gruppe graben selbst keine Nistgänge, sondern suchen bereits vorhandene Höhlungen in Pflanzenstängeln, in Schilf- und Strohdächern, in Mauerfugen, Felsspalten und leeren Schneckenhäuschen oder sie beziehen verlassene Fraßgänge anderer Insekten in morschen Zaunpfählen, abgestorbenen Bäumen oder Wurzeln.
Besonders interessante Formen des Nestbaues finden wir bei Bienenarten, die ihre Bauten oberirdisch an Mauern, Steinen oder Bäumen errichten.

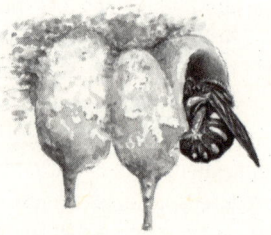

Harzbienen bauen aus Harz freihängende Brutzellen
an Felsen, Pflanzenstängeln oder Baumstämmen

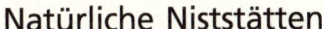

Natürliche Niststätten

Die meisten Wildbienenarten haben sich im Laufe ihrer Entwicklung auf bestimmte Pflanzenarten als Pollenquellen spezialisiert und wählen auf ähnliche Weise Niststandorte, an denen die Entwicklungsmöglichkeiten für ihren Nachwuchs günstig sind. In unserer Kulturlandschaft handelt es sich dabei selten um reine Naturbereiche, sondern meist um Sekundärlebensräume, also Lebensräume, die unter dem Einfluss des Menschen entstanden sind.

... im Erdboden

Die große Mehrheit aller Wildbienenarten legt ihre mehrzelligen Nestbauten im Boden an, wobei die Bienen bereits vorhandene Erdspalten nutzen oder ihre Nistgänge selbst graben. Dabei stellen die einzelnen Arten zum Teil ganz spezielle Anforderungen an die Bodentopografie. Es scheint von Bedeutung zu sein, ob die Bodenformationen waagerecht verlaufen, eine schwache oder starke Neigung haben oder eine senkrechte Steilwand bilden, und gleichzeitig spielen dabei die auf dem Boden wachsenden Pflanzengesellschaften eine wichtige Rolle. Auch die Ansprüche an die Bodenbeschaffenheit sind artspezifisch und recht unterschiedlich. Häufig findet man die Nestbauten in Sandböden oder sandhaltigen Lehmböden mit krümeliger oder lockerer Struktur. Manche Wildbienenarten bevorzugen dagegen festgetretene tonige Böden. Im Allgemeinen suchen die im Boden nistenden Wildbienen nach vegetationsarmen sonnigen Plätzen, in denen sich keine Staunässe bildet, unter der die eingetragenen Pollenvorräte in den Brutkammern verpilzen würden. Die in ebenen Flächen

45

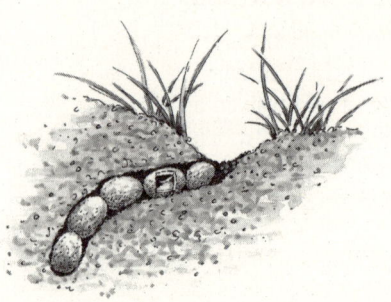

Wollbienen bauen ihre Brutzellen in Erdlöchern oder
Mauerritzen mit Pflanzenfasern von Salbei oder Königskerze

siedelnden Sand- oder Erdbienen findet man deshalb oft
auf Magerrasen, an Wald- und Wiesenwegen, auf Dorf-
sportplätzen, in botanischen Gärten, auf Friedhöfen, vor
Stadtmauern oder zwischen Pflastersteinen und Gehweg-
platten.

Böschungen und Hänge bilden den Übergang von ebenen Flächen zu Steilwänden. In solchen Bereichen kann
Regenwasser schnell abfließen. Die Sonneneinstrahlung ist
hier besonders intensiv, sie sind nur spärlich bewachsen
und werden deshalb von zahlreichen Bienenarten als Brutplätze genutzt. Da natürliche Nistplätze dieser Art, zum
Beispiel in Binnendünen oder auf Flugsandfeldern, heute
selten geworden sind, haben die Bienen neue Lebensräume akzeptiert und sind auch an Abwitterungs- und Sand-
halden in Industriebrachen, Braunkohletagebauen oder
Sandgruben zu finden.

Die in und an Steilwänden nistenden Bienenarten besiedeln bevorzugt Löß- und Lehmwände an Hohlwegen

oder die Sand- und Gesteinshänge an natürlichen Flüssen und Bächen. An solchen Steilwänden kann Regenwasser kaum eindringen, sie werden von der Sonne anhaltend erwärmt und sind nur von wenigen Pflanzen bewachsen, die mit den kargen Bedingungen zurechtkommen. Durch Flussbegradigungen und andere Landschaftsveränderungen wurden solche natürlichen Nistplätze immer knapper und die Steilwandbewohner suchten Ersatzbiotope an Stützmauern in Weinbergen oder lehmverfugten Mauern und Fachwerkfassaden im menschlichen Siedlungsbereich. Durch Gebäudeabriss oder Einsatz von chemischen Spritzmitteln in den Weinbaugebieten sind auch diese Sekundärlebensräume weitgehend verschwunden oder wurden für die Insekten unbewohnbar, sodass viele an Steilwänden nistende Bienenarten wieder umziehen mussten und heute nicht selten an den Abbruch- oder Terrassenkanten von Kies- und Lehmgruben oder Steinbrüchen zu finden sind.

... an Steinen oder in Gesteinsspalten

Ein besonders interessantes Brutverhalten zeigen Wildbienenarten, die ihre oberirdischen Nester als Freibauten an Felsen oder Findlingen errichten. Hierzu gehören vor al-

Kein Vogel kann die steinharten
Brutzellen der Mörtelbiene zertrümmern

47

lem Mauerbienenarten wie *Osmia anthocopoides,* die Kleine Harzbiene *Anthidium strigatum* oder die Mörtelbiene *Megachile parietina.* Je nach Art werden die Freibauten aus Harz oder mineralischen Materialien wie Sand, Lehm oder Steinchen errichtet. Die heute sehr selten gewordene Felsenmauerbiene *Osmia mustelina* nutzt dagegen zum Nestbau die Spalten und Nischen in Felsen oder Trockenmauern.

Kleine Harzbiene
Anthidium strigatum

Die Kleine Harzbiene Anthidium strigatum *sammelt Harz von Kiefern oder anderen Nadelbäumen. Damit errichtet sie freihängende tropfenförmige Brutzellen an Pflanzenstängeln, Baumstämmen oder Felsen und unternimmt während ihrer Bautätigkeit immer wieder Versorgungsflüge, um die Brutzellen mit einem Pollen-Nektar-Gemisch zu füllen. Da sich die Biene beim Abladen der Pollenfracht in der engen Brutzelle nicht drehen kann, kriecht sie zunächst mit dem Kopf voran in die Höhle und streift den Pollen von den vorderen Körperteilen ab. Dann kommt sie kurz heraus und verschwindet nun mit dem Hinterteil voran in der Kinderstube, um die Hauptfracht an Pollen, die sich an ihrer Bauchbürste gesammelt hat, abzuladen.*

Neben den Versorgungsflügen baut die Biene weiter an der Brutzelle und fügt dem gesammelten Harz, das als Baumaterial dient, hin und wieder winzige Rindenstückchen bei, um ihr Bauwerk zu tarnen. Schließlich nimmt die hängende Brutzelle mehr und mehr die Form einer Flasche an, mit einer nach unten hin verjüngten Öffnung, aus der die Biene schließlich nur noch mit ihrem Hinterteil herausragt, wenn sie kopfüber hineinkriecht. Auf den Vorrat an Larvennahrung legt die Bienenmutter schließlich ein Ei und beginnt dann mit der filigranen Endarbeit: Damit die Bienenlarve atmen kann, formt die Bienenmutter die Brutzelle am Ende wie einen Flaschenhals mit einer kleinen Öffnung.

Andere Harzbienenarten errichten ihre Brutzellen nebeneinander frei an Felsen und benutzen ausschließlich Baumharz als Baumaterial. Andere graben Nistgänge im Boden und verwenden neben Harz auch zusammengerollte Blattstücke, um die Gänge von innen abzustützen.

Trachtpflanzen: vor allem Hornklee, aber auch Berg-Sandglöckchen oder Gewöhnliches Leinkraut.

... in abgestorbenem Holz

In Holz nistende Bienenarten legen ihre Nestbauten in Totholz an, das durch natürliche Verrottungsprozesse bereits mürbe geworden ist. Einige Wildbienenarten wie die Blattschneiderbiene *Megachile nigriventris* oder die bei uns nur in wärmeren Regionen vorkommende Blaue Holzbiene *Xylocopa violacea* (siehe Seite 146) können sich darin ihre Nistgänge selbst nagen. In der Regel werden aber bereits vorhandene und verlassene Käferfraßgänge für den Nestbau genutzt.

Holzbienen können sich ihre Niströhren in morschem Holz selbst graben. Meist siedeln sie aber in alten Käferfraßgängen.

Vor allem im ländlichen Siedlungsraum suchen in Holz lebende Bienenarten an morschen Balken in Fachwerkhäusern, Scheunen oder Schuppen nach geeigneten Nistmöglichkeiten und werden oft als die Verursacher der im Holz bestehenden Schäden angesehen. Dabei haben natürliche Alterungsprozesse, Witterungseinflüsse oder andere Insekten die Vorarbeit geleistet und die Voraussetzung geschaffen, dass sich Wildbienen für einen morschen Balken als Nistplatz interessieren. Auch von den wenigen Bienenarten, die sich ihre Nistgänge im Holz selbst nagen können, sind in der Regel keine dramatischen Holzschäden zu befürchten, denn die Füllung der Gänge besteht aus nichts anderem als Nektar, Pollen, Harz, Lehm oder zerkauten Blattstücken, die das Bienenweibchen eingetragen hat. Zudem ernähren sich die Wildbienenlarven nur von den vorgefundenen Nahrungsvorräten in ihren Zellen und »fressen« sich nicht durch das Holz wie manche Käferlarven.

In Ausnahmefällen suchen sich in Holz siedelnde Bienen auch ungewöhnliche Nistplätze in Holzschwellen, hinter oder in Tür- und Fensterrahmen, oder sie gelangen durch Ritzen ins Haus und errichten die Kinderstube in einer Holzverschalung oder einem Möbelstück. Auch als nützliche Kulturfolger sind sie dann zweifelsfrei zu weit gegangen. Aber vielleicht können wir uns dazu durchringen, das Problem nicht mit Insektenkillerspray, sondern bienenfreundlich zu lösen, indem wir warten, bis der Bienennachwuchs im folgenden Frühjahr ausgeflogen ist, und erst dann die Einflugritzen oder Nistlöcher verschließen.

... in Pflanzenstängeln

Einige Wildbienenarten legen ihre Brutröhren in hohlen Pflanzenstängeln an oder nagen sich durch das weiche Mark abgeschnittener oder abgestorbener Zweige. Dazu nutzen sie Pflanzen wie Himbeere, Brombeere, Holun-

Für ihr Nest schneidet die Blattschneiderbiene
kreisrunde Stücke aus Rosenblättern

51

der, Forsythie, Heckenrose oder Königskerze. Stängelbewohner sind zum Beispiel die Maskenbiene *Hylaeus
brevicornis,* die Mauerbiene *Osmia leucomelana* oder die
Gewöhnliche Blattschneiderbiene *Megachile versicolor.*
Anders als die meisten Wildbienenarten, die bei der Nist-
platzsuche auf vegetationsarme Flächen angewiesen sind,
brauchen die Stängelbewohner kleinräumige Buschland-
schaften mit wilden Sträuchern und Stauden. Naturbelas-
sene Hecken und Feldsäume, wo Wildbienen in abgestorbenen Ranken oder abgeblühten Hochstauden ihre
Brutplätze finden, sind in unserer heutigen Kulturlandschaft
aber selten geworden. Es gibt kaum noch »vergessene«
Ecken mit Brombeer- oder Holundergebüsch. Geeignete
Nisthilfen mit hohlen oder markhaltigen Pflanzenstängeln
können zum Ersatz für die verloren gegangenen Niststätten werden.

Gewöhnliche Blattschneiderbiene

Megachile versicolor
*Blattschneiderbienen schneiden mit ihren scharfen
Oberkiefern runde oder ovale Stücke aus Rosen-, Pap-
pel- oder Fliederblättern, rollen sie zusammen und
transportieren sie unter dem Bauch zu ihren Nist-
höhlungen in Pflanzenstängeln, morschem Holz oder
in der Erde. In der Höhlung entfalten sich dann die
eingetragenen Blattrollen und legen sich eng an der
Wand an. So entsteht ein fingerhutartiger Brutraum,
der nach dem Eintragen von Larvennahrung und der
Eiablage mit mehreren kreisrunden Blattstücken*

verschlossen wird. Davor wird in gleicher Weise die nächste Kinderstube angelegt. Der Linienbau kann am Ende über ein Dutzend Blattfingerhüte enthalten, in denen später die Bienenlarven schlüpfen.

Blattschneiderbienen werden mit den Mörtelbienen (siehe Seite 125) in der Gattung Megachile zusammengefasst.

Die Gewöhnliche Blattschneiderbiene fällt beim Blütenbesuch durch ihren leicht verengten Hinterleib und die rote Bauchbürste auf. Zum Nestbau benutzt sie meist vorgefundene Hohlräume in Totholz, beispielsweise alte Käferfraßgänge, oder hohle Pflanzenstängel. Sie kann aber auch eigene Bruthöhlen schaffen, indem sie markhaltige Zweige von Holunder oder Brombeere ausräumt. Innerhalb des Hohlraumes legt sie dann ein Liniennest mit Blattabschnitten an.

Die Gewöhnliche Blattschneiderbiene ist aufgrund ihrer Anpassungsfähigkeit häufig anzutreffen und auch in Gärten nicht selten. Bei einem entsprechenden Angebot an Nisthilfen und Pflanzen kann man die interessanten Verhaltensweisen der Bienen hautnah miterleben.

Trachtpflanzen: vor allem Schmetterlingsblütler und Korbblütler.
Nisthilfen: Bambusrohrstücke, Holzblöcke mit Bohrlöchern.

... in Gallen und Schneckenhäusern

Einige Wildbienenarten wie die Mauerbiene *Osmia galla-
rum* oder die Maskenbiene *Hylaeus pectoralis* nutzen als
Brutstätten alte Eichen- oder Schilfgallen, also die kugeli-
gen Wucherungen an Eichenblättern oder Schilfhalmen,
die zuvor den Larven einer Gallwespe oder Schilfgallen-
fliege als Kinderstube dienten. Manche Mauerbienenarten
bauen ihre Nester dagegen stets in leeren Schneckenhäusern. Die Zweifarbige Mauerbiene *Osmia bicolor* bevorzugt für den Nestbau etwa zwei Zentimeter große Schne-
ckengehäuse und legt darin fast immer nur eine einzige
Brutzelle an. Zunächst kriecht die Biene unter das Schneckenhaus und dreht es in einem Kraftakt so, dass die Öffnung halbwegs nach oben zu liegen kommt und die Biene
bequem einfliegen kann. Dann beißt sie kleine Stücke von
Pflanzenblättern ab und produziert unter Zugabe von Speichel »Pflanzenmörtel«, um damit die äußeren Windun-
gen des Gehäuses bis auf einen schmalen Zugang zum
Inneren zu füllen. Danach transportiert die Biene weiteren »Pflanzenmörtel« neben Nektar und Pollen ins Innere
und legt ein einzelnes Ei ab. Mit Steinchen, zerkauten
Pflanzenteilen und Speichel errichtet sie dann zwei Au-
ßenwände, kriecht schließlich wieder unter das Schneckenhaus und dreht es so, dass die zugemauerte Öffnung auf
dem Boden liegt. Jetzt untergräbt sie das Gehäuse, um es
etwas im Erdreich zu versenken. Abschließend holt sie
per Flug Grashalme, Kiefernnadeln und ähnliche längli-
che Pflanzenteile herbei und schichtet sie locker über dem
Schneckenhaus auf. Insgesamt ist die Biene etwa zwei Tage
mit ihrer Arbeit beschäftigt: eine Sisyphusanstrengung für

Leere Schneckenhäuschen schützen die
Nachkommen der Zweifarbigen Mauerbiene

einen einzigen Nachkommen. Doch die aufwendige Brutfürsorge bewirkt, dass der Bienennachwuchs im Schne-
ckengehäuse nur selten das Opfer von Parasiten oder anderen Feinden wird.

... in unterschiedlichen Hohlräumen

Einige Solitärbienenarten zeigen zwar eine Vorliebe für
bestimmte oberirdische Nistplätze, wenn sie diese nicht
vorfinden, geben sie sich aber auch mit Alternativen zu-
frieden. Die kleine Maskenbiene *Hylaeus hyalinatus* baut
ihre Liniennester bevorzugt in hohlen Pflanzenstängeln,
kann dafür aber auch die verlassenen Käferfraßgänge in
einem morschen Baumstamm benutzen. Bekannt geworden für ihre Flexibilität bei der Nistplatzwahl ist vor allem
die Rote Mauerbiene *Osmia rufa* (siehe Seite 61). Neben
Pflanzenstängeln oder Mauerritzen hat sie schon Türschlös-
ser oder das offene Ende eines eingerollten Garten-
schlauches für den Bau ihrer Kinderstube in Beschlag genommen.

Der Natur abgeschaut

Das können Sie tun ...

... für im Boden nistende Bienen

Wege, Plätze und Zufahrten so anlegen, dass die Böden darunter »atmen« können. Keinen Zement verwenden, Wegplatten und Natursteine mit breiten Fugen in Sand verlegen. Kies- und Sandbeete unter dem Dachvorsprung schaffen. Trockenwiese, Geröllbeet und Trockenmauer anlegen. Stein- und Heidegarten mit Sandanhäufungen hügelig gestalten. Mit anfallendem Erdaushub (Teichbau, Wegebau) Böschungen modellieren. Vorhandene Sand- und Kiesflächen nicht zuwachsen lassen. Alte Lehmwände erhalten, selbst gebaute Ministeilwand mit einer Lehmkiste anbieten.

... für an Steinen oder in Gesteinsspalten nistende Bienen

Ritzen in alten Mauern und Lehmwänden nicht verschließen. Nisthilfen anbieten mit Hohlblocksteinen, Strangfalzziegeln (siehe Seite 105), fertigen Nistblöcken aus Holzbeton oder gebranntem Ton. Steinhaufen nicht abräumen. Trockenmauer errichten: zuvor genannte Nisthilfen einbauen oder für den Bau Basalt-, Granit- oder Ziegelsteine mit Nistgängen versehen (Steinbohrer).

... für Totholzbewohner

Morsche Bäume stehen lassen (oder mindestens die Wurzeln). Alte Zaunpfähle stehen lassen (oder mindestens auf einen Totholzhaufen legen). Auf den Totholzhaufen gehören auch alle anderen massiven, unbehandelten Holzabfälle: Baumwurzeln, Astholz, morsche Balken und Bretter. Fertige oder selbst gebaute Nisthölzer im Bienenhotel oder als Einzelelemente anbieten.

... für Bewohner von Pflanzenstängeln

Die in hohlen Stängeln überwinternde Bienenbrut nicht vernichten. Abgeblühte Stauden, Zweige oder Ranken deshalb erst im Frühjahr abschneiden. Stauden und Zweigabschnitte trocknen lassen, zurechtschneiden und gebündelt als Niststätte anbieten.

... für in leeren Schneckenhäusern nistende Bienen

Leere Schneckenhäuser liegen lassen. Leere Gehäuse von Wasserschnecken, die beim Reinigen des Gartenteiches gefunden werden, einsammeln und im Garten auslegen.

... und für alle Bienen

Viele Wildblumenarten anpflanzen, die für Bienen besonders attraktiv sind. Auf die Blütezeiten achten, damit den Bienen von Frühjahr bis Herbst immer genügend Nektar- und Pollenquellen zur Verfügung stehen.

Lebenskreise, Geschlechterrollen und Fortpflanzung

Während bei den Honigbienen oder Hummeln eine große fortpflanzungsfähige Königin und zahlreiche kleinere unfruchtbare Arbeiterinnen in einem sozialen Gefüge beieinanderleben (siehe Seite 32), finden wir bei den solitären Wildbienen ausschließlich gleich große Weibchen, die zur Eiablage befähigt sind und sich und ihren Nachwuchs ohne die Hilfe von Artgenossen durchs Leben bringen müssen. Sie sind Baumeisterinnen, Nektar- und Pollensammlerinnen und treu sorgende Mütter zugleich. In einem von uns gebauten Wildbienenhotel werden wir zwar

Wildbienen-Paarung

erleben, dass mehrere Wildbienen der gleichen Art dicht nebeneinanderwohnen. Es handelt sich dabei aber um eine Scheingemeinschaft, die durch das großzügige Nistplatzangebot in unserem Wildbienenhotel zustande kommt, denn jedes Weibchen kümmert sich ausschließlich um seinen eigenen Nachwuchs, und eine Arbeitsteilung wie bei den sozialen Bienenarten gibt es nicht. Je nach Art beträgt die Lebenszeit eines Wildbienenweibchens vier bis sechs Wochen. Die Männchen der Solitärbienen sind alle fortpflanzungsfähig. Ihre Aufgabe besteht ausschließlich in der Begattung der Weibchen, und sie sterben nach dem Ende der Paarungszeit.

Vom Ei zum Fluginsekt

Nach der Paarung legen die Wildbienenweibchen in Hohlräumen separate Eizellen an, die sie durch Wände aus einem Gemisch von Speichel, Lehm oder Pflanzenpartikeln von den Nachbarzellen abgrenzen. In jeder Brutzelle wird auf einen Nahrungsvorrat aus Pollen und Nektar jeweils ein Ei abgelegt, aus dem sich in mehreren Stadien der Nachwuchs entwickelt. Nach vier bis zehn Tagen schlüpfen aus den Eiern bein- und augenlose Maden, die schon kurz darauf von dem vorgefundenen Pollen-Nektar-Brei zu fressen beginnen. In der Folgezeit häuten sich die Larven mehrmals. Dann verzehren sie den Nahrungsvorrat restlos, erreichen dabei ihr Maximalgewicht und spinnen sich schließlich in einen Kokon aus körpereigenen Sekreten ein. Für die Larven beginnt jetzt eine Ruhelarven- oder Vorpuppenphase, in der einige Arten überwintern. Bei den meisten Wildbienenarten folgt nach wenigen Wochen die »Verpuppung«, das heißt, die Made streift ihre Haut ab und beginnt mit ihrer Metamorphose, ver-

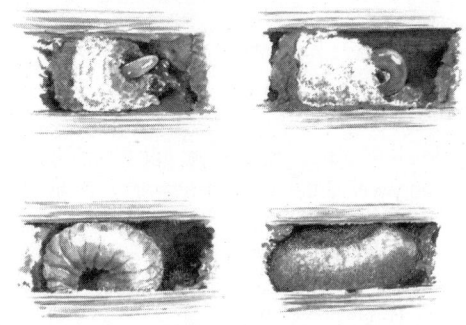

Nach vier bis zehn Tagen schlüpft eine Made aus dem Ei. Die Made frisst den Pollen- und Nektarvorrat, wächst und häutet sich als Larve mehrmals. In einem Kokon aus körpereigenen Sekreten verbringt die Larve dann die Ruhelarven- oder Vorpuppenphase und die Verpuppung, bis sie am Ende der Metamorphose als fertige Wildbiene aus dem Kokon schlüpft.

birgt sich aber weiterhin in ihrem selbst gesponnenen Kokon, der ihr bis zum Beginn der Flugzeit Schutz gewährt. Bei der Metamorphose geschieht eines der faszinierendsten Wunder der Natur, denn die weißliche nackte Bienenmade wandelt sich um zum strahlend schönen Fluginsekt. An der transparent erscheinenden Larve erkennt man bereits die spätere Biene. Die großen Komplexaugen und die kleineren Punktaugen treten dunkel hervor. Die empfindlichen Flügel liegen noch zusammengefaltet am Körper an und beginnen sich dann am Ende der Metamorphose durch das Einpumpen von Blutflüssigkeit zu strecken. Schließlich bricht die Larvenhaut über den Rücken- und Kopfbereichen auf und die fertige Biene befreit sich aus ihr mit ihren Mundwerkzeugen und Beinen.

Wann fliegt die nächste Generation?

Einige Wildbienenarten bringen bei günstigen Witterungsbedingungen zwei Generationen hervor, bei den meisten Arten fliegt aber nur eine Jahresgeneration. Mehrjährige Entwicklungszyklen findet man nur bei Furchenbienen der Gattungen *Halictus* und *Lasioglossum,* die eine Tendenz zur sozialen Lebensweise zeigen.

Mühe für wenige Nachkommen

Für das Anlegen einer Brutzelle, das Herbeischaffen des Nahrungsvorrates und die Eiablage benötigt ein Wildbienenweibchen meist einen ganzen Tag oder länger. In der kurzen Lebenszeit von vier bis sechs Wochen kann es deshalb höchstens vierzig Brutzellen fertigstellen, sofern das Wetter günstig ist und genügend Trachtpflanzen und Nistgelegenheiten vorhanden sind. In der Folgezeit entwickelt sich dann nicht jedes Ei zur fertigen Biene. Während längerer Regenperioden können die eingetragenen Nahrungsvorräte für die Bienenlarven verschimmeln. Zudem ist die Bienenbrut durch eine Reihe von natürlichen Feinden gefährdet, seien es Kuckucksbienen (siehe Seite 41), schmarotzende Wespenarten oder hungrige Vögel wie Spechte, Kleiber oder Meisen.

Lebenszyklus der Roten Mauerbiene

Bei der Roten Mauerbiene *(Osmia rufa)* überwintern Männchen und Weibchen als fertige Insekten im Inneren von schützenden Kokons, in denen sie sich zuvor von der Puppe zum Fluginsekt entwickelt haben. In der Flugzeit im nächsten Jahr – ab Ende März bis in den Juni hinein – verlassen dann zunächst die Männchen ihre Kokonhüllen und warten auf die Weibchen, die etwa zwei Wochen später erscheinen.

Nach der Paarung haben die etwas kleineren Männchen ihre biologische Aufgabe erfüllt. Anders als die Drohnen der Honigbienen sind sie aber in der Lage sich selbst zu ernähren und befliegen Blüten, um Nektar zu saugen, bevor sie im Laufe des Sommers irgendwann sterben.

Das begattete Weibchen sucht nach einem geeigneten Hohlraum, in dem es sein Liniennest anlegen kann. Nicht selten wird auch eine Bruthöhle der vorherigen Generation benutzt und von den Resten der alten Brutzellen gereinigt. An der hinteren Innenwand des Nistraumes muss die Biene gegebenenfalls zunächst eine

Rückwand aus Lehm und Speichel errichten, bevor sie
mit dem Bau der ersten Brutzelle, für die sie das gleiche
Material verwendet, beginnt. Um sie von der Nachbar-
zelle, die sie als Nächste anlegen wird, abzugrenzen, errichtet sie eine kleine Schwelle. Dann beginnt sie Nektar
und Pollen in die Zelle einzutragen. Sobald die Zelle etwa
zur Hälfte mit dieser Larvennahrung gefüllt ist, legt die
Biene ein Ei auf die Füllung und verschließt die Zelle mit
einer kleinen Lehmportion. Danach errichtet die Biene
nacheinander weitere Brutzellen, bis nach einigen Tagen ein Liniennest mit etwa zehn separaten Eikammern
entstanden ist.

Indem die Bienenmutter in die ersten Zellen befruch-
tete Eier und in die anschließenden Zellen unbefruchte-
te Eier ablegt – die Befruchtung der Eier erfolgt bei der
Eiablage aus einem Samenbläschen, das den von der
männlichen Biene bei der Paarung gelieferten Samen
enthält –, sorgt die Bienenmutter dafür, dass im hinteren
Teil der Brutröhre die Zellen für die Weibchen, im vorderen Teil die Zellen für die Männchen liegen. Denn aus
unbefruchteten Eiern entwickeln sich Männchen, aus befruchteten dagegen Weibchen. Diese Voraussicht der
Bienenmutter ist notwendig, da die Männchen im
nächsten Frühjahr vor den Weibchen ihre Kokons verlassen werden.

Etwa zehn Tage nach der Eiablage schlüpfen die Larven in ihren Zellen und ernähren sich zwei bis drei Wochen lang von dem vorgefundenen Nektar-Pollen-Ge-
misch. In dieser Zeit häuten sich die Larven mehrmals
und beginnen dann Kokons zu spinnen, in denen sie
sich verpuppen werden. Im Spätsommer ist der Entwick-
lungszyklus der Roten Mauerbiene abgeschlossen.
Männchen und Weibchen der neuen Generation liegen
als fertige Insekten in ihren Kokonhüllen, die sie vor der
Winterkälte schützen.

Trachtpflanzen für die Rote Mauerbiene: Die Rote Mauerbiene ist nicht wählerisch. Fast alle Blütenpflanzen, die ihr genügend Nektar und Pollen bieten, werden genutzt. Im Frühjahr beispielsweise hält sie sich an Apfelblüten, Veilchen, Lungenkraut oder Weidenkätzchen.
Nisthilfen für die Rote Mauerbiene: Bündel mit Holunderzweigen, durchlöcherte Holz- und Tonblöcke, Wände aus Lehm und Stroh, Bambusabschnitte, Gitterziegel.

Für Wildbienen bauen

Ein Wildbienenhotel ist kein Urlaubsparadies, denn anders als dieses bietet es seinen Bewohnern oft den einzig annehmbaren Lebensraum weit und breit.

Wildbienen zieht es in Gärten, wo sie im Frühjahr und Sommer ausreichende Nektar- und Pollenquellen finden und wo es Unterschlupf- und Brutgelegenheiten für sie gibt. Mit etwas Fantasie und Geschick kann jeder solche Unterschlupf- und Bruthilfen bauen. Wohnungen für Wildbienen können Schilfrohrbündel, markhaltige Pflanzenstängel, mit Löchern versehene Hartholzblöcke, Abschnitte von Bambusröhren, Lochziegel, ein Baumstumpf mit alten Käferfraßgängen, ein mit Kaninchendraht zusammengehaltenes Graspaket und vieles andere sein. Bringt man die einzelnen Elemente in einem überdachten Holzkasten unter, den man durch Zwischenbretter unterteilt, wird aus dem Holzverschlag ein komfortables, mehrstöckiges Wildbienenhotel.

Sobald das Hotel fertig ist, werden bald schon die ersten »Zimmer« darin bezogen sein. Wir erleben treu sorgende Mütter, die ihre Kinderstuben einrichten und trotz der Vielzahl von Brutröhren immer wieder die eigenen Haustüren erkennen, und arbeitsscheue Verwandte, die in fremde Wohnungen eindringen, sich dort über den Stand der Bauarbeiten informieren und ihre Eier schließlich in »gemachte Betten« legen. Wir können Streitigkeiten um die Besitzrechte von Wohnungen beobachten, Umzüge, Eingangskontrollen und Rauswürfe, wenn ein Eindringling nicht die richtige »Duftmarke« vorzuweisen hat. Wir erleben Schwertransporte beim Beschaffen von Nahrungs-

Unter dem Bauch transportiert die Blattschneiderbiene ein
kreisrund ausgeschnittenes Blattstück in ihre Niströhre

vorräten und Diebstähle aus Vorratskammern. Das Hotel
gewährt eine Fülle von Einsichten in das faszinierende
Leben von Wildbienen sowie einiger solitärer Wespenarten.
Manche Vorurteile, die wir den Insekten gegenüber hat-
ten, werden wir als unbegründet erleben. Stiche brauchen
wir kaum zu befürchten, denn Wildbienen und andere
Hotelbewohner sind nicht angriffslustig, sondern nützliche und höchst spannende Insekten. Ein Wildbienenhotel
können Sie selbst bauen, und vielleicht finden auch Ihre
Kinder oder Kinder aus der Nachbarschaft Spaß daran
und helfen dabei.

Auf gute Nachbarschaft

Wildbienen gehören in Deutschland zu den besonders
geschützten Tierarten und für diese Arten gilt nach dem
Bundesnaturschutzgesetz § 42 (1):

»Es ist verboten, wild lebenden Tieren der besonders
geschützten Arten nachzustellen, sie zu fangen, zu verlet-
zen, zu töten oder ihre Entwicklungsformen, Nist-,
Brut-, Wohn- oder Zufluchtsstätten der Natur zu entneh-
men, zu beschädigen oder zu zerstören ...«

Was tun, wenn Insekt und Mensch in besonderen Fällen doch einmal aneinandergeraten, wenn sich Bienen an Stellen einnisten, wo man sie eigentlich nicht haben will?

- Manchmal nisten sich **Hummelvölker in Gebäuden** ein. Haben sie einen Schuppen oder ein Gartenhäuschen als Nistort gewählt, wird man sie als Bienenfreund dort sicher tolerieren. Ist das »Zusammenleben« mit den Hummeln aus einem besonderen Grund nicht möglich, wendet man sich an eine Naturschutzbehörde oder einen Imker in der Nähe. Ein Experte kann das Hummelvolk in einen speziellen Kasten umquartieren und an einer besser geeigneten Stelle wieder ansiedeln.

- Solitärbienen sorgen mitunter für Aufregung, wenn sie in größerer Zahl **im Rasen eines Kinderspielplatzes** oder in Sandkästen auftauchen. Wer mit dem Wildbienenleben nicht vertraut ist, glaubt womöglich, die »gefährlichen« Insekten sofort beseitigen zu müssen. Damit verhält man sich aber nicht nur gesetzwidrig, sondern ist auch Kindern kein gutes Beispiel, indem man ihnen vormacht, dass man Lebewesen, die man nicht kennt und die einem nicht geheuer erscheinen, am besten vernichtet. Besser ist es, wenn man sich in diesem Fall an eine Naturschutzbehörde oder erfahrene Bienenfreunde wendet, die zunächst die Bienen im Rasen oder Sandkasten bestimmen werden und auch wissen, wie das Problem naturfreundlich zu lösen ist.

- Mauer-, Scheren- und Löcherbienen bauen ihre **Nester** in Ausnahmefällen beispielsweise direkt neben dem Essplatz auf einem Balkon, in einem Schlüsselloch, **in Rollladenkästen** oder Ritzen neben Tür- und **Fensterrahmen.** Natürlich kann man nicht erwarten, dass jemand seine Haustür nicht mehr abschließt, weil eine Wildbiene im Schlüsselloch nistet. Aber manches Problem lässt sich mit etwas Toleranz und Einsicht lösen. Eine Wildbiene, die uns beim Frühstück am Kopf vorbeischwirrt, um ihren Nistplatz aufzusuchen, ist völlig ungefährlich und wird uns ansonsten nicht weiter belästigen. Die Wildbienenbrut im Hohlraum neben einem Tür- oder Fensterrahmen richtet keinen Schaden an und wird ihre Kinderstube im nächsten Frühjahr verlassen. Vielleicht können wir bis dahin warten, und die Ritzen erst dann verschließen.

- Wildbienen, die sich **im Haus verirrt** haben, kann man auf glatter Fläche mit einem Glas einfangen (ein Stück Pappe unterschieben) und draußen wieder fliegen lassen.

Rotpelzige Sandbiene
Andrena fulva

Sandbienen, zu denen die Rotpelzige Sandbiene gehört, bevorzugen Lebensräume mit sandigem Untergrund an Wegrändern oder Bahndämmen, in Parkanlagen oder Gärten.

Charakteristisch für ihre Nistkolonien sind kleine, kegelförmige Sandhäufchen von etwa drei Zentimeter Höhe, an deren Spitze jeweils die Nestöffnung liegt. Der Hauptgang unter dem Sandhäufchen führt bei einigen Arten fünf Zentimeter, bei anderen bis zu sechzig Zentimeter senkrecht in die Tiefe und verzweigt sich in mehrere Seitengänge, an deren Enden, tropfenartig geformt, die einzelnen Brutzellen liegen. Nach dem Anlegen der ersten Brutzelle trägt die Biene Nek-

---

tar und Pollen ein, formt diesen Futtervorrat zu einer kleinen Kugel und legt ein Ei darauf. Danach wird die Zelle mit Sand verschlossen. Sobald alle Brutzellen angelegt und versorgt sind, wird auch der Haupteingang mit einem Gemisch aus Erdreich und Speichel verklebt und völlig unsichtbar gemacht.

Sandbienen kommen allein in Mitteleuropa mit etwa hundertdreißig Arten vor und sind selbst für Insektenkundler nur schwer zu bestimmen. Die meisten Arten erinnern an Honigbienen, innerhalb der Gattung gibt es aber beträchtliche Größenunterschiede. Manche Arten sind nur etwa fünf Millimeter groß, andere erreichen eine Körperlänge von etwa fünfzehn Millimetern. Zum Pollensammeln benutzen Sandbienen die langen Haare an den Hinterbeinen sowie eine auffällige »Haarlocke« am Schenkelring.

Die Rotpelzige Sandbiene Andrena fulva (Körperlänge zehn bis dreizehn Millimeter) ist unverwechselbar durch den rostroten Haarpelz am Rücken und die schwarze Behaarung an Bauch und Beinen. Wie alle Bienen der Gattung nistet die Rotpelzige Sandbiene kolonieweise in Sand- oder Lehmböden, sie ist aber bei der Wahl des Brutplatzes überhaupt nicht wählerisch.  Man findet die kegelförmigen Sandanhäufungen der Bienen an sonnigen Waldrändern, auf Trockenwiesen, am Fuß von Mauern, unter Hecken und nicht selten zwischen Pflastersteinen mitten in einer Stadt.

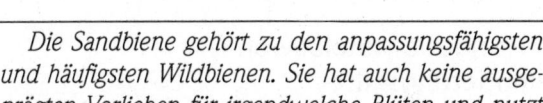

> *Die Sandbiene gehört zu den anpassungsfähigsten und häufigsten Wildbienen. Sie hat auch keine ausgeprägten Vorlieben für irgendwelche Blüten und nutzt fast alle Nektarquellen eines blütenreichen Gartens.*

Was ist zu beachten, wenn man Bienen mit Nisthilfen ansiedeln will?

- Als Mieter eines Hauses oder einer Wohnung dürfen Sie Nisthilfen für Vögel oder Insekten im Garten, auf der Terrasse oder dem Balkon anbringen. Wenn Sie dazu eine Hauswand oder Mauer benutzen wollen, die zum Nachbargrundstück gehört, müssen Sie natürlich zuvor den Besitzer um Erlaubnis fragen.
- Wenn Sie als Mieter oder Eigentümer auf einer Terrasse oder einem Balkon Insektennisthilfen anbringen möchten und sich die Terrasse oder der Balkon des Nachbarn direkt nebenan befindet, sollten Sie zuvor überlegen, ob dabei Probleme auftreten können. Rechtlich gesehen wird Ihr Nachbar nichts dagegen unternehmen können, zumal Wildbienen zu den besonders geschützten Tierarten gehören. Aber vielleicht hat er noch nie etwas von Wildbienen gehört und vermutet, dass Sie nebenan irgendwelche Insekten anlocken, die gefährlich sind. Deshalb ist es manchmal besser, sich mit einem Nachbarn zuvor über das »brisante« Thema Bienen etwas näher zu unterhalten.

Wer sind die Hotelbewohner?
Orientierungshilfe

Einzelgäste
Im Wildbienenhotel nisten in der Regel **nur Wildbienen** und manchmal auch Solitärwespen. Honigbienen, Hummeln (ohne spezielle Nisthilfen) oder soziale Faltenwespen sind als Gäste ausgeschlossen.

Welches Gepäck?
- **Pollen:** Bei Hautflüglern, die mit Blütenstaub oder Pollen beladen sind, handelt es sich um Solitärbienen.
- **Beutetiere:** Solitäre Faltenwespen kommen mit Insekten oder Insektenlarven als Nahrung für den eigenen Nachwuchs angeflogen. Sie haben die typische Wespentaille und eine schwarzgelbe Wespenzeichnung, können auch stechen, sind aber nicht angriffslustig.
- **Ohne Gepäck:** Bei Hautflüglern, die ohne Gepäck in den Brutkammern verschwinden, handelt es sich möglicherweise um Ur- oder Maskenbienen, die Nektar und Pollen nicht sichtbar verschluckt transportieren, oder um parasitisch lebende Kuckucksbienenarten oder Solitärwespenarten.

Welche Zimmerbelegung?
- **Niststeine, Hohlblocksteine, Strangfalzziegel:** Mauerbienen, Blattschneider-, Mörtel-, Wollbienen.
- **Schilf- und Strohhalme:** Blattschneider- und Mörtelbienen, Maskenbienen, Mauerbienen, Löcherbienen.
- **Markhaltige Stängel:** Blattschneider- und Mörtelbienen, Maskenbienen, Mauerbienen und Keulhornbienen.
- **Holzblöcke und Totholzstücke:** Blattschneider- und Mörtelbienen, Pelzbienen, Holzbienen.

- **Minilehmwand:** Maskenbienen, Pelzbienen, Sand- oder Erdbienen.

Unter den aufgeführten Wildbienengattungen gibt es zahlreiche Arten, die sich aufgrund ihrer Lebensweise und Nistvorlieben auch in einem Wildbienenhotel einquartieren werden. Die Besiedlung durch Arten aus anderen Gattungen ist aber ebenso möglich. Ein völlig anspruchsloser und häufiger Gast im Wildbienenhotel ist die Rote Mauerbiene *Osmia rufa,* die sich sowohl in einem Niststein, einem Niströhrchen als auch in einem durchbohrten Holzblock einquartieren kann.

Welcher Nestverschluss?
Vom Nestverschluss lassen sich gewisse Rückschlüsse auf die Nestbesiedler ableiten.

- **Durchscheinend:** Ur- oder Maskenbienen verschließen ihre Nestbauten mit einem durchscheinenden, seidigen Körpersekret.
- **Blattstücke:** Viele Blattschneiderbienen verwenden kleine Blattstücke.
- **Harz und Steinchen:** Löcherbienen verschließen die Nester mit Harz und Steinchen.
- **Mineralien und Pflanzenbrei:** Mauerbienen benutzen rauen Mörtel aus zerkauten Pflanzenteilen oder Mineralien.

Seltene Gäste
Seltene Gäste sind **Sand- oder Erdbienen.** Mitunter kann sich die eine oder andere Art für eine Minilehmwand interessieren.

An Nisthilfen häufig vorkommende Wildbienenarten

Deutscher Name Zoologischer Name	Flugzeit (Monate)	Körperlänge und Kennzeichen	Nisthilfen	Trachtpflanzen
Rote Mauerbiene *Osmia rufa*	3 – 6	10 – 12 mm; Scheitel und Brust gelblich grau, Hinterleib vorne hellrotgelb, hinten schwarz; Weibchen größer mit pelzigen, schwarzen Kopfhaaren, Männchen mit hellen Kopfhaaren	Hohlräume in Holz, Lehm, Stein, Stängeln	breites Spektrum
Gehörnte Mauerbiene *Osmia cornuta*	3 – 6	12 – 15 mm; Körperhaare schwarz, Hinterleib fuchsrot; Weibchen deutlich größer mit schwarzen Kopfhaaren; Männchen mit hellen Kopfhaaren	ähnlich wie *Osmia rufa*	breites Spektrum
Blaugrüne Mauerbiene *Osmia caerulescens*	3 – 7 (auch zwei Generationen pro Jahr, zweite 7 – 8)	8 – 10 mm; Körperhaare schwarz, helle Hinterleibsbinden; Weibchen mit Blau- oder Grünschiller, Männchen mit rotbraunem Pelz	Hohlräume in Holz, Stängeln, Stein	breites Spektrum

Deutscher Name *Zoologischer Name*	Flugzeit (Monate)	Körperlänge und Kennzeichen	Nisthilfen	Trachtpflanzen
Gewöhnliche Seidenbiene *Colletes daviesanus*	6 – 8	8 – 9 mm; Körperhaare rotbraun, helle Hinterleibsbinden	Lehmwand, Hohlräume in Holz, Stein	Schafgarbe, Rainfarn, nur Korbblütler
Gewöhnliche Blattschneiderbiene *Megachile versicolor*	6 – 8 (auch zwei Generationen pro Jahr)	10 – 11 mm; Körperhaare gelbbraun, helle Hinterleibsbinden, fuchsrote Bauchbürste	durchbohrte Holzscheiben, Bambus	vor allem Schmetterlings- und Korbblütler
Lamellen-Maskenbiene *Hylaeus hyalinatus*	6 – 9 (auch zwei Generationen pro Jahr, zweite 8 – 9)	5 – 7 mm; wenig behaart, schwarz, wespenähnlich	durchbohrte Holzscheiben, hohle Stängel	vor allem Dolden- und Rosengewächse
Gewöhnliche Pelzbiene *Anthophora plumipes*	3 – 6	14 – 16 mm; hummelartige Behaarung, braun bis schwarz	Lehmwand, lehmverputzte Mauer	breites Spektrum
Gewöhnliche Trauerbiene *Melecta albifrons*	4 – 6	12 – 16 mm; vorne dicht braungelb behaart, hinten fast unbehaart, spitzes Körperende	lebt als Kuckucksbiene in Nestern von Pelzbienen	

Das Gehäuse des Wildbienenhotels

Planung und Standort

Grundsätzlich soll ein selbst gebautes Wildbienenquartier immer nach Südosten schauen. Es hängt oder steht an einem vor Regen und Nässe geschützten sonnigen Ort, schaukelt nicht im Wind und die Bienen werden beim Anflug auf ihr Quartier nicht durch Zweige oder Blätter behindert.

An diesen Gegebenheiten orientiert, werden wir dann überlegen, wo der richtige Standort für das Hotel sein könnte, wie viel Platz es beanspruchen wird und welche Elemente es enthalten soll. Diese gedankliche Auseinandersetzung braucht Zeit, zumal es bei einem Wildbienenhotel keine Standardausführung gibt, an der man sich orientieren muss. Es darf groß oder klein sein, man kann es nach konventionellen Mustern bauen oder ganz nach eigenen Vorstellungen, sodass es einen besonderen Charakter erhält.

Außenmaße

Die Außenmaße ergeben sich in der Regel aus der Größe des Platzes, der zur Verfügung steht. Ein freistehendes Wildbienenhotel in einem großen Privatgarten, im Schul- oder Kindergarten kann zwei Meter hoch und eineinhalb Meter breit sein; ein Minihotel an einer Balkonwand dagegen nur zwanzig mal fünfzehn Zentimeter messen.

Gewichtige Unterschiede

Die Tiefe der Gefache hängt davon ab, was man darin unterbringen will. Plant man den Einbau einer kleinen Lehmwand mit eingeflochtenen Weidengerten im unteren Gefach eines Wildbienenhotels sowie die Unterbringung von größeren Hohlblocksteinen, Hartholzblöcken, eines Schaukastens oder oberirdischen Hummelkastens, sollten die Gefache etwa dreißig Zentimeter tief sein. Durch dieses Füllmaterial hat ein Wildbienenhotel, das zum Beispiel aus zwei Zentimeter starken Brettern gebaut ist, aber derart an Gewicht zugenommen, dass man es nicht mehr hängend an einer Wand anbringen kann, sondern auf eine stabile Unterlage stellen muss.

Im Gegensatz dazu kann man ein Minihotel, das aus nur ein Zentimeter starken Brettern gezimmert wurde, eine Gefachtiefe von fünfzehn Zentimeter hat und neben einem kleinen Hartholzblock nur Schilf- oder Bambusröhrchen als Füllmaterial enthält, ohne weiteres an einer Terrassen- oder Balkonfassade anbringen. Eine noch geringere Tiefe ist allerdings nicht zu empfehlen, da die Schilf- oder Bambusabschnitte wenigstens eine Länge von jeweils zehn Zentimetern haben sollten.

Rückwand

Eine Rückwand hat einige Vorteile, sowohl für die Bienen, als auch für die Stabilität des Quartiers. Die Rückwand schützt die Niststätte zusätzlich vor Regen. Hungrige Vögel kommen von hinten nicht an eingelegte Röhrchen aus Schilf oder sonstige Zweigabschnitte, in denen die Bienenbrut heranwächst. Zudem kann man an der Rückwand eine Portion Lehm verschmieren, in die dann Schilfhalme oder sonstige hohle Pflanzenstängel hineingedrückt werden. Beim Zurechtschneiden der Halme muss man so nicht auf deren exakt gleiche Länge achten, sondern schiebt sie mehr oder weniger tief in den Lehmbrei und richtet sie dabei korrekt an der Frontseite aus (die Niströhrchen sollten in jedem Fall aber einen mindestens zehn Zentimeter langen Innenraum haben – frei von Lehm). In die Lehmmasse kann man auch Pflanzenröhrchen stecken, die keine Blattknoten an den Enden haben und so verschlossen werden. Auch kleinere Mängel an anderen Materialien, die uns zur Verfügung stehen, lassen sich hinter der Rückwand verstecken, etwa die Bruchstellen an einem Gitterziegel oder eine »unschöne« Seite einer Baumscheibe. An der Rückwand kann man zudem solide Ösen für das sichere Aufhängen der Behausung anbringen, und die Wand stabilisiert letztlich die gesamte Konstruktion.

Bauanleitung

Die im Folgenden vorgestellten Wildbienenquartiere sind Bauvorhaben, die jeder Bienenfreund ohne großen finanziellen Aufwand und mit einfachem Werkzeug, das man fast in jedem Haushalt findet, selbst bewerkstelligen kann.

Welches Baumaterial kommt infrage?
- Holz (Kiefer, Fichte oder Tanne): Alle Holzteile werden aus ungehobelten und ungestrichenen Brettern mit einer Dicke von zwei Zentimetern gefertigt.

• Dachpappe, Schrauben oder Nägel für den Zusammenbau der Holzteile (zusammengeschraubte Bretter halten länger, Zusammennageln genügt aber auch), Nägel
zum Befestigen der Dachpappe.

Hinweise zu den Baumaterialien

Holz und Anstrich

• Holz, das zum Bau eines Wildbienenhotels (Rahmen,
Gefache, Dach) verwendet wird, sollte immer
abgelagert und trocken sein. Das Gleiche gilt für
Nistholzblöcke, die im Hotel Verwendung finden oder
separat an anderer Stelle angebracht werden.
• Für Nisthölzer eignet sich nur Hartholz, weil grob-
faseriges Weichholz bei Feuchtigkeit quellen und die
Bienenlarven in ihren Brutkammern zerdrücken kann.
• Für Rahmen, Gefache und Dach des Wildbienenhotels
kann man gängige Nadelholzarten wie Fichte oder
Kiefer und natürlich auch teurere Hartholzarten wie
Eiche oder Buche verwenden.
• Die Nisthölzer werden nicht mit Holzschutzmitteln
behandelt und erhalten keinen Farbanstrich. Das
Bauholz für das Wildbienenhotel wird ebenfalls nicht
mit Farbe gestrichen; zur Imprägnierung kann man
eine umweltfreundliche Lasur auf Leinöl- oder
Bienenwachs-Basis verwenden.

Dachabdeckung

• Neben Dachziegeln (für größere Dächer) bieten sich
als Möglichkeiten Dachpappe, Kunststoffschindeln
oder ein Holzdach, abgedeckt von Aluminiumblech
mit Tropfkante, an. Aluminiumblech (zum Beispiel
gebrauchte Offsetplatten) bekommt man in einer
Druckerei gegebenenfalls zum Nulltarif.

- Schilfdächer sehen sehr dekorativ aus und bieten Wildbienen zusätzliche Nistgelegenheiten. Für diese Art der Dachabdeckung verwendet man am besten Schilfmatten (zum Beispiel im Gartencenter erhältlich), die entsprechend zurechtgeschnitten werden. Man sollte sie aber nur auf einem Dach verlegen, das schon durch Blech oder Dachpappe isoliert ist, sonst wird es nicht dicht.

Die Minidächer über Nisthilfen sollten einen dauerhaften Regenschutz bieten, denn auch atmungsaktive Steine oder Hölzer speichern eindringendes Wasser.

Welches Werkzeug wird benötigt?
Ein kleiner Schraubstock, Säge, Hammer, Zange, Zollstock, Winkel, Schraubenzieher, Raspel, Sandpapier und eventuell zwei Schraubzwingen.

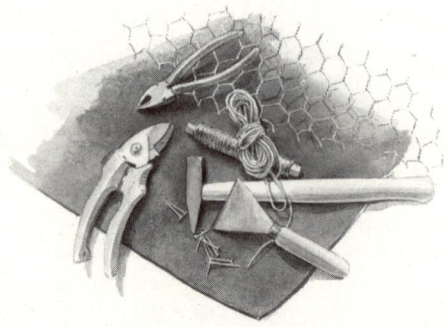

Gartenschere, Gärtnerdraht, Dachpappe, Kaninchendraht, Kordel, Hammer, Nägel und Spachtel helfen beim Bau

Bauanleitung
Wildbienenhotel mit Spitzdach

Dieses Wildbienenhotel eignet sich zum Aufstellen oder Aufhängen für unterschiedliche Standorte: in einem kleinen Stadtgarten, an einer begrünten Fassade, auf einem Balkon oder einer Terrasse. Das fertige Wildbienenhotel ist 63 cm hoch, 42 cm breit (ohne Dachüberstand) und 20 cm tief.

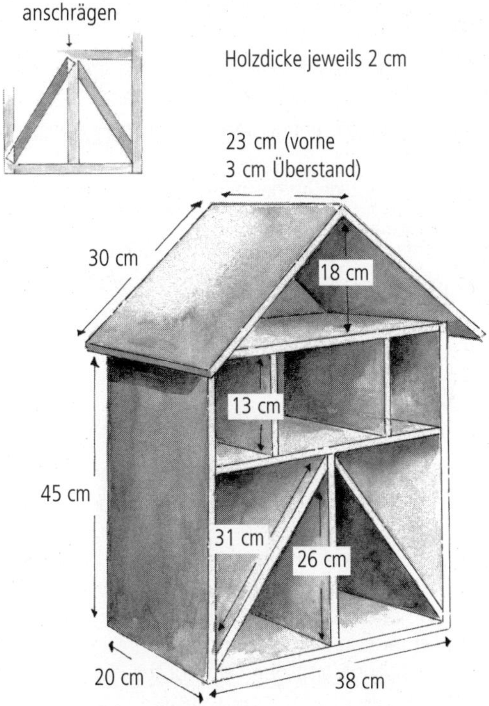

anschrägen

Holzdicke jeweils 2 cm

23 cm (vorne
3 cm Überstand)

30 cm

18 cm

13 cm

45 cm

31 cm

26 cm

20 cm

38 cm

Baumaterial

- **Dachplatten:** 2 Bretter, jeweils 30 cm × 23 cm (Überstand an den Seiten und vorn jeweils etwa 3 cm); Kanten, an denen die Teile zusammenstoßen, abgeschrägt (siehe Bauplan)
- **Seitenwände:** 2 Bretter, jeweils 45 cm × 20 cm
- **Rückwand:** bestehend aus zwei Brettern, jeweils 19 cm breit, 63 cm hoch, eine Länge auf 45 cm abgeschrägt (siehe Bauplan)
- **Waagerechte Gefache / Bodenplatte:** 3 Bretter, jeweils 38 cm × 18 cm
- **Schräge Gefache:** 2 Bretter, jeweils 18 cm × 33 cm (mit Zuschuss für den Gehrungsschnitt)
- **Mittelsteg für das untere Gefach:** 1 Brett, 26 cm × 18 cm
- **Unterteilungsstege für das mittlere Fach:** 2 Bretter, jeweils 13 cm × 18 cm
- **Dachabdeckung:** Dachpappe etwa 67 cm × 29 cm
- Nägel oder Schrauben zum Zusammenbau der Holzteile
- Nägel zum Befestigen der Dachpappe

Bauanleitung

- Schrauben Sie zunächst die Seitenwände an die beiden Bretter, welche die Rückwand bilden.
- Dann schrauben Sie das Bodenbrett und anschließend die Bretter für die waagerechten Gefache an die Seitenwände und die zusammengefügten Bretter der Rückwand.
- Setzen Sie die senkrechten Unterteilungsstege ein und schrauben Sie diese von hinten durch die Rückwand und von oben und unten durch die waagerechten Gefachbretter fest.

- Vor dem Einbau der Bretter für die schrägen Gefache müssen Sie diese an der Ober- und Unterkante auf Gehrung schneiden (siehe Bauplan). Für diese recht komplizierte Arbeit eignet sich am besten eine Kapp- oder Gehrungssäge (vielleicht von einem Nachbarn oder Bekannten). Besteht diese Möglichkeit nicht, sollte man möglichst eine Leithilfe für den Gehrungsschnitt konstruieren. Der angestrebte Winkel wird an den Brettkanten mit Bleistiftlinien ange- zeichnet. Unterhalb der Linien legt man zwei dünne Metallleisten an und fixiert sie mit Schraubzwingen. Mit einer feinzähnigen scharfen Handsäge entlang der vorgegebenen Leitlinien gelingt so ein halbwegs korrekter Winkelschnitt. Die Bretter haben nach dem Winkelschnitt die Maße von etwa 18 cm × 31 cm und werden durch die Rückwand, das darüber- liegende Gefachbrett und die Seitenwände festge- schraubt.
- Beim abschließenden Anpassen und Festschrauben der Dachbretter müssen Sie eventuell die Oberkan- ten der Seitenwände mit einer Raspel entsprechend der Dachneigung noch etwas abschrägen. Die Dachpappe wird mit speziellen Pappnägeln aufgena- gelt und dann mit einem Teppichmesser an den Rändern sauber abgeschnitten.

Aufstellen oder Aufhängen

Für das Aufstellen (möglichst vor einer Wand) braucht das Bienenhotel eine stabile waagerechte Unterlage aus Blocksteinen oder ähnlichem Material. Zum Aufhängen an einer Fassade durchbohrt man am besten die beiden Bretter, aus denen sich die Rück- wand zusammensetzt, jeweils im oberen und unteren Bereich und bringt das Hotel mit vier Schrauben, Unterlegscheiben und Dübeln am Mauerwerk an.

Bauanleitung
Wildbienenhotel mit Flachdach

Dieses Wildbienenhotel mit Flachdach eignet sich zum Aufstellen oder Aufhängen für unterschiedliche Standorte: in einem kleinen Stadtgarten, an einer begrünten Fassade, auf einem Balkon oder einer Reihenhausterrasse. Das fertige Wildbienenhotel ist 57 cm hoch (an der Rückwand gemessen), 32 cm breit und 24 cm tief (ohne Dachüberstand).

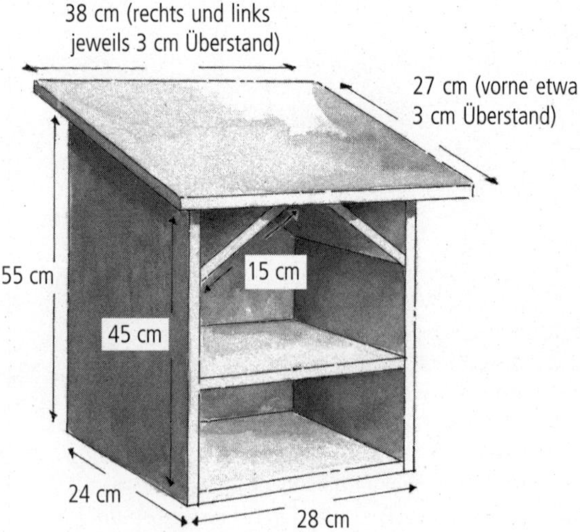

38 cm (rechts und links jeweils 3 cm Überstand)

27 cm (vorne etwa 3 cm Überstand)

55 cm

15 cm

45 cm

24 cm

28 cm

Holzdicke jeweils 2 cm

Baumaterial

- **Dachplatte:** 1 Brett, 38 cm × 27 cm
  (Überstand an den Seiten und vorn jeweils 3 cm)
- **Seitenwände:** 2 Bretter, jeweils 55 cm × 24 cm,
  eine Länge auf 45 cm abgeschrägt (siehe Bauplan)
- **Rückwand:** 1 Brett, 55 cm × 28 cm
- **Waagerechte Gefache / Bodenplatte:** 3 Bretter,
  jeweils 28 cm × 22 cm
- **Schräge Gefache:** 2 Bretter, jeweils 22 cm × 17 cm
  (inklusive 2 cm Zuschuss für den Gehrungsschnitt)
- **Dachabdeckung:** Dachpappe etwa 45 cm × 35 cm
- Nägel oder Schrauben zum Zusammenbau
- Nägel zum Befestigen der Dachpappe

Bauanleitung

- Schrauben Sie zunächst die Seitenwände an der Rückwand fest.
- Dann schrauben Sie das Bodenbrett und schließlich die beiden Gefachbretter an die Rückwand und an die Seitenwände.
- Vor dem Einbau der Bretter für die schrägen Gefache müssen Sie diese (wie beim Wildbienenhotel mit Spitzdach beschrieben, siehe Seite 81) auf Gehrung schneiden. Die fertigen Bretter haben jetzt eine vordere Seitenlänge von jeweils etwa 15 cm und werden an der Rückwand und an den Seitenwänden angeschraubt.
- Vor dem Aufsetzen und Befestigen des Daches schrägt man die Oberkante der Rückwand mit einer Raspel entsprechend der Dachneigung etwas ab. Die Dachpappe wird mit speziellen Pappnägeln aufgenagelt und dann an den Rändern sauber abgeschnitten.

Aufstellen oder Aufhängen

Für das Aufstellen (möglichst vor einer Wand) braucht das Wildbienenhotel eine stabile waagerechte Unterlage aus Blocksteinen oder ähnlichem Material.

Zum sicheren Aufhängen an einer Fassade durchbohrt man am besten die Rückwand an den vier Eckpunkten und bringt das Hotel mit Schrauben, Unterlegscheiben und Dübeln direkt am Mauerwerk an. Da die Konstruktion samt Füllung nicht allzu schwer ist, kann man auch ein Aufhängen an zwei stabilen Ösen, die an der Rückwand angeschraubt werden, in Erwägung ziehen.

Freistehendes Bienenhotel ohne Rückwand

Der Aufbau eines freistehenden Wildbienenhotels ohne Rückwand beginnt mit Pfostenhaltern aus Metall, die in ein Betonfundament im Boden eingegossen werden. Für Gefachständer, Tragbalken und Dachunterbau benötigt man massives Holz. Der Querschnitt für die seitlichen Gefachständer eines etwa 130 cm hohen Wildbienenhotels kann beispielsweise bei 8 cm × 20 cm liegen. Die Außenmaße und das Gewicht aller Holzteile sowie der Dachbedeckung müssen mit den gegossenen Fundamenten und den Pfostenhaltern abgestimmt sein, denn davon ist die Stabilität der ganzen Konstruktion abhängig. Der passgenaue Zuschnitt aller Holzelemente ist nur möglich, wenn man über entsprechende Präzisionswerkzeuge verfügt, also zumindest über eine Handkreissäge mit einstellbarer Blatteintauchtiefe und eine Kappsäge für korrekte Gehrungsschnitte. Zudem sind auch die Materialkosten nicht unerheblich, sodass die Realisierung eines solchen Projektes im Privatbereich wohl eher etwas für versierte Heimwerker ist.

Die Möblierung des Wildbienenhotels

Wie wir die einzelnen Wildbienenquartiere gestalten und im Holzkasten unterbringen, bleibt unserer Fantasie überlassen. Achten Sie dabei bitte auf Vielfalt. Einsiedlerbienen und -wespen sind in der Regel hoch spezialisiert und beziehen nur Wohnungen, die ihren jeweiligen Ansprüchen entsprechen. Umbauten im Wildbienenhotel sind später möglich. Man sollte mit diesen Arbeiten aber bis zum Frühjahr warten, wenn die Überwinterungsgäste ihre Quartiere verlassen haben und neue Bewohner noch nicht eingezogen sind.

Im Folgenden einige Ideen für die Füllung Ihres Wildbienenhotels:

- **Niststeine** oder **Hartholzblöcke** kann man beim Befüllen der Fächer einfach aufeinanderstapeln.
- **Schilf-** oder **Strohhalme** muss man gegebenenfalls bündeln, in eine beidseitig offene Konservendose stecken oder durch einen separaten Holzrahmen zusammenhalten. Sehr dekorativ sehen diese Halmbündel aus, wenn man sie in einem alten Tonrohr oder unter halbrunden, alten Dachfirstziegeln unterbringt.
- Zum Ausfüllen der Gefache eignen sich ebenso eingerollte **Schilfmatten** oder angebohrte Hartholzstücke. Sie sind Nisthilfen für Blattschneider-, Masken- oder Mauerbienen.
- **Niststeine** mit Niströhren oder **Strangfalzziegel** (siehe Seite 105) dienen als Wohnungen für Wollbienen, Mauerbienen oder solitäre Wespenarten.
- **Totholzstücke** mit alten Käferfraßgängen, Spalten, Rissen oder Astlöchern ergeben Quartiere für Holzbienen, Pelzbienen oder Blattschneiderbienen.

- Trockene **Zweigabschnitte** von Holunder, Brombeere oder Himbeere eignen sich für die Bewohner markhaltiger Stängel.
- Ein sehr dekoratives Element für ein größeres Wildbienenhotel sind aufgestapelte **Holzscheite,** die Spaltenverstecke für vielerlei Insekten bieten und Faltenwespen als Baumaterial zum Abnagen dienen.
- Ein **Tonblumentopf** kann mit einem Gemisch aus angefeuchtetem Ton, Strohhäcksel oder Holzwolle gefüllt werden. Die Tonmasse im Blumentopf lässt man einige Tage im Schatten trocknen. In den halbtrockenen oder schon trockenen Ton werden dann einige Löcher mit Durchmessern von drei bis zehn Millimetern gebohrt beziehungsweise mit einem Bleistift oder Nagel gedrückt. So entsteht eine Steilwand im Kleinstformat für Masken- oder Seidenbienen.
- Die Löcher in Hohlblocksteinen sind meist zu groß, um von solitären Bienen und Wespen besiedelt zu werden. Man schafft geeignete Niststätten, indem man die Löcher mit magerem Lehm zuschmiert oder mit Löß füllt. In einige der zugeschmierten Löcher bohrt man geeignete Einschlupflöcher mit Durchmessern von drei bis zehn Millimetern, andere lässt man ohne Einschlupflöcher. Seidenbienen oder Lehmwespen können sich dort ihre Brutröhren selbst graben oder den herausgekratzten Lehm als Baumaterial verwenden.

Das sind nur einige Vorschläge. Mit Fantasie und Spaß am Basteln werden Sie rasch eigene Ideen entwickeln und die einzelnen Elemente im Wildbienenhotel nach Ihren Vorstellungen gestalten.

Gewöhnliche Seidenbiene

Colletes daviesanus

Oberflächlich betrachtet erinnern Seidenbienen (Gattung Colletes*) mit ihrem dichten Haarpelz und ihren hellen Binden am Hinterleib an Honigbienen. Sie gehören gemeinsam mit*

den Maskenbienen zu den Urbienen, besitzen aber im Gegensatz zu den Maskenbienen längere Haare an den Hinterbeinen zum Einsammeln von Pollen.

Der Name »Seidenbiene« ist davon abgeleitet, dass die Bienen ein seidenartiges Drüsensekret als Baumaterial verwenden. Die schimmernde, wasserabweisende Masse dient zum Auskleiden der Gänge und zum Errichten der Brutzellen und wird von den Bienen vor dem Erstarren sorgfältig mit der Zunge geglättet. Die Gattung Colletes *ist in Mitteleuropa mit etwa zehn Arten vertreten.*

Die Gewöhnliche Seidenbiene Colletes daviesanus *liebt Wärme und Geselligkeit und gräbt ihre verzweigten Nistgänge mit ihren Mundwerkzeugen am liebsten dicht unter der Oberfläche in Sand-, Lehm- oder Steinwände, die sich unter der Sonne aufheizen. Deshalb waren diese Kolonien bildenden Insekten früher bei manchen Hausbesitzern ziemlich unbeliebt. In porösen Sandstein, Lehm und Kalkmörtel, früher die gebräuchlichen Baumaterialien für ein Haus, gräbt diese Seidenbiene bevorzugt ihre Gänge. Heute ist das mas-*

senhafte *Auftreten von Seidenbienen an Hausfassa-
den kaum noch zu beobachten, da ihnen unsere neuen
Baumaterialien wenig behagen. Die interessanten Bienen lassen sich aber mit entsprechenden Nisthilfen
und Trachtpflanzen anlocken und sind dann ziemlich ortstreu. Die einmal gegrabenen Brutröhren werden in der Regel immer wieder als Kinderstuben genutzt.*

Trachtpflanzen: *Als Nahrungspflanzen für den Bienennachwuchs in den Brutzellen dienen Korbblütler,
vor allem Rainfarn oder Schafgarbe. Andere Arten
der Gattung* Colletes, *die sich nur schwer voneinander
unterscheiden lassen, findet man aber auch am Nat-
ternkopf, an Thymian oder Heidekraut.*
Nisthilfen: *Lehm-, Stroh- und Lehmziegelwände, Trockenmauern.*

Das Wildbienenhotel mit Spitzdach lässt sich beispielsweise folgendermaßen füllen (Bauplan siehe Seite 79):
- **Oberes Gefach:** In das obere Gefach passt eine **Baumscheibe** (abgetrocknete Buche, Eiche, Esche, Apfelbaum, Birke oder Robinie) mit entsprechender Länge
und einem Durchmesser von etwa dreizehn Zentimetern. Das weiche, grobfaserige Holz von Nadelbäumen
ist nicht geeignet, weil wir die Baumscheibe mit Bohrlöchern (Nistgängen) versehen, die bei feuchter Witterung schnell zuquellen. Für die Bohrungen werden
scharfe Holzbohrer in der üblichen Länge und mit ver-

schiedenen Durchmessern (zwei bis zehn Millimeter) verwendet. Beim Bohren sollte man darauf achten, dass die Löcher waagerecht sind oder nach hinten leicht ansteigen, damit sich kein Regenwasser ansammeln kann. Die Löcher werden mit der ganzen Bohrerlänge gebohrt; damit das Holz nicht reißt, haben sie einen Abstand von etwa zwei Zentimetern. Nach dem Bohren werden die Bohrrückstände sorgfältig herausgeklopft. Ansonsten bleibt die Baumscheibe unbehandelt. Um die Baumscheibe herum wird eine **Minilehmwand** aufgebaut. »Fetter« Lehm hat nur geringe Anteile von feinem Quarzsand, neigt zur Verdichtung und ist nach dem Trocknen auch sehr hart, sodass sich Bienen dann kaum noch ihre Nistgänge graben können. Wenn uns der vorhandene Lehm also zu fett erscheint, sollten wir ihn durch die Zugabe von Bausand abmagern. Dem feuchten Lehm mischen wir zudem noch klein geschnittenes Stroh oder Holzwolle bei, und das Ganze wird mit reichlich Wasser gut durchgeknetet. Nachdem wir die Lehmmasse um die Baumscheibe herum im Gefach eingearbeitet und an der Frontseite mit einem Abziehbrett geglättet haben, lassen wir sie einige Tage unter einem feuchten Tuch im Schatten trocknen. In die noch nicht ganz trockene Lehmwand kann man dann mit unterschiedlich starken Nägeln noch einige Löcher drücken, die dann die Bienen zu Nistgängen erweitern werden (siehe auch Seite 107).

- **Mittlere Gefache:** In das mittlere Fach passt ein üblicher **Gitterziegel** mit den Frontmaßen von 24 cm × 12 cm. Die Leerräume um den Ziegel im mittleren Fach werden mit **Schilfhalmen** gefüllt. In die Schlitze des

Ziegels schmiert man zunächst eine kleine Portion feuchten Lehm und steckt dann ein paar passende **Bambusabschnitte** oder **hohle Stängel** von Holunder, Heckenrose oder Forsythie hinein. Schilfhalme und sonstige Zweigabschnitte sollten wenigstens eine Länge von jeweils zehn Zentimetern haben und hinten durch einen Blattknoten verschlossen sein.

In die kleinen Nebengefache passen einige **Astabschnitte** (möglichst Altholz mit Käferfraßgängen, Spalten und Rissen). Die Leerräume um sie herum werden mit Schilfhalmen oder anderen hohlen Pflanzenstängeln gefüllt.

- **Untere Gefache:** In die schrägen Außengefache des unteren Gefaches wird ein Gemisch aus **Weizenstroh- und Schilfhalmen** sowie etwas Holzwolle locker eingelagert. Florfliegen, Marienkäfer oder Ohrwürmer finden hier einen Unterschlupf und Wildbienen können sich Baumaterial abnagen, das sie zum Anlegen ihrer Brutzellen verwenden.

In den mittleren Abteilen des unteren Gefaches bringt man zwei **angebohrte Holzscheite** unter. Die Leerräume um sie herum werden mit Schilfröhrchen ausgefüllt.

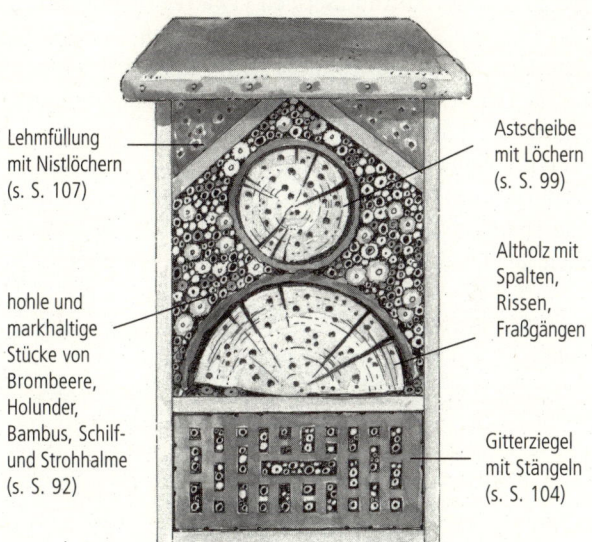

Lehmfüllung
mit Nistlöchern
(s. S. 107)

Astscheibe
mit Löchern
(s. S. 99)

Altholz mit
Spalten,
Rissen,
Fraßgängen

hohle und
markhaltige
Stücke von
Brombeere,
Holunder,
Bambus, Schilf-
und Strohhalme
(s. S. 92)

Gitterziegel
mit Stängeln
(s. S. 104)

Möglichst vielfältig bestückt, erfüllt das Bienenhotel
die Bedürfnisse unterschiedlicher Wildbienen

Im Folgenden ein **Vorschlag für die Füllung des Wildbienenhotels mit Flachdach** (Bauplan siehe Seite 82, Änderungen bei der Belegung der Gefache sind durchaus möglich); Vorbereiten und Einbau der Einzelelemente wie beim Wildbienenhotel mit Spitzdach im Detail beschrieben (siehe Seite 88):

- **Obere Gefache:** In den oberen schrägen Gefachen wird jeweils eine **Minilehmwand** aufgebaut.
- **Mittleres Gefach:** In das mittlere Gefach passt eine durchlöcherte **Baumscheibe** mit entsprechender Län-

91

ge und einem Durchmesser von etwa sechzehn Zentimetern. Rechts und links darunter baut man zwei kleinere **Baumabschnitte** ein (möglichst Altholz mit Käferfraßgängen, Spalten und Rissen). Um die Hölzer herum
werden Schilfröhrchen eingeschoben.

- **Unteres Gefach:** In das untere Gefach passt ein **Gitterziegel** mit Frontmaßen von etwa 24 cm × 12 cm.
Die Leerräume um den Ziegel werden mit **Schilfhalmen** gefüllt.

Die im Folgenden beschriebenen Nisthilfen lassen sich
sowohl als Einzelelemente verwenden als auch in einem
Wildbienenhotel unterbringen.

Hohle Pflanzenstängel

Geeignetes Baumaterial

Für diese Art von Nisthilfe benötigen wir zum Beispiel
Bambusröhrchen, Schilfstängel, stärkere Gras- und Strohhalme oder Abschnitte von Sträuchern mit hohlen oder
markhaltigen Zweigen. Es bestehen also keine großen
Ansprüche an das Baumaterial, doch muss man es in der
Regel erst einmal besorgen. Wenn man sich etwas genauer umschaut, findet man vieles davon aber im eigenen
oder in Nachbars Garten.

Bambus, Holunder, Brombeere, Himbeere, Heckenrose
oder Forsythie liefern beim Frühjahrsschnitt Niströhrchen
für eine Wildbienenniststätte. Schließlich sollte man sich
bei der Materialsammlung auch die Sumpfpflanzen, die
beim Frühjahrsputz am Gartenteich abgeschnitten wer-

den, einmal genauer betrachten. Arten wie Pampasgras, Schilf oder Buschrohr haben hohle Stängel und liefern Baumaterial für unser Vorhaben.

Zurechtschneiden und Trocknen

Die gesammelten Pflanzenröhrchen werden zunächst von Blättern und Seitentrieben befreit und dann mit einer scharfen Gartenschere in Stücke von mindestens zehn Zentimeter Länge geschnitten. Beim Zurechtschneiden sollte man darauf achten, dass der Stängel am hinteren Ende einen Knoten hat, also verschlossen ist, während der gesamte vordere Teil für den späteren Nestbau zugänglich bleibt. Pflanzenröhrchen, die keinen Knoten haben, braucht man nicht wegwerfen; man kann sie später mit einem kleinen Lehmpfropfen oder auch mit etwas Fliesenkleber verschließen.

Die Abschnitte lässt man längere Zeit trocknen und schaut dann nach, ob die Hohlräume im Inneren durchgängig sind. Gegebenenfalls muss man Mark oder Trennwände noch mit einem Draht oder einer Stricknadel herausstochern oder man verwendet einen Bohrer mit entsprechend kleinem Durchmesser und klopft am Ende das Bohrmehl heraus. Die Stängel müssen nicht gänzlich frei von Pflanzenmark sein, kleinere Reste transportieren die Bienen später selbst hinaus oder sie verwenden das Pflanzenmark als Baumaterial.

Verwendung

Die Niströhrchen kann man jetzt auf ganz unterschiedliche Weise verwenden. Hier sind der Fantasie keine Grenzen gesetzt. Die einfachste Form einer Nisthilfe für Wildbienen kann schon darin bestehen, dass man mehrere Röhrchen mit Gärtnerdraht oder einer Kordel bündelt und dann an einen sonnigen Platz, beispielsweise auf eine Balkonbrüstung oder ein Fenstersims, legt.

Wenn man Gitterziegel zur Verfügung hat, steckt man passende Röhrchen aus Bambus- oder Forsythienzweigen einfach in die Schlitze (siehe auch Seite 104).

Längere Stroh- und Schilfhalme lassen sich in einer Konservendose unterbringen, die an beiden Seiten offen ist. Danach umwickelt man die Konservendose mit einem Stück Draht oder einer Kordel und konstruiert eine Aufhängeschlaufe. Diese einfache Nisthilfe lässt sich dann unter einem Dachvorsprung oder an einem Baum anbringen.

Alternativ zur Konservendose bietet sich auch ein Stück Dachpappe an, mit dem man die Halme umwickelt und bündelt. Kürzere Stroh- oder Schilfhalme bringt man besser in einem Gehäuse mit Rückwand unter, zum Beispiel in einem dreieckigen Holzhäuschen, das man aus drei Rahmenbrettern und einem Brett für die Rückseite zusammennagelt. Das Häuschen kann ebenso nach dem Muster eines nach vorne offenen Vogelnistkastens konstruiert werden und ein Flachdach oder auch ein Spitzdach erhalten. Geschickte Bastler können sich das Gehäuse auch in sechseckiger Wabenform mit der entsprechenden Rückwand zurechtbasteln. Aufgesetzte Dächer lassen sich verschönern und für Wildbienen zusätzlich interessant gestalten, wenn man sie mit Reetmattenstücken bedeckt.

Unter Dach und Fach gebündelte Pflanzenröhrchen
finden Platz auf Balkon, Terrasse und Fenstersims

Einlegen in einen Rahmen oder Kasten

Die Niströhrchen werden so in einem Holzrahmen, im
Gefach eines Wildbienenhotels, in einer Blechdose oder
Ähnlichem untergebracht, dass sie eng aneinanderliegen,
sich aber nicht gegenseitig eindrücken. Die Vorderseite
der Behausung kann man mit »Kaninchendraht« bespan-
nen. Damit wird vor allem verhindert, dass hungrige Vögel die Halme herausziehen und die Bienenbrut im Inneren verspeisen. Wenn uns das Drahtgeflecht nicht gefällt,
können wir die Halme an der Rückwand der Behausung

auch mit einer kleinen Portion Lehmbrei oder etwas Fliesenkleber fixieren. Das Haftmaterial wird mit einer Spachtel
an der Rückwand aufgetragen. Dann schiebt man die
Röhrchen ein.

Aufhängemöglichkeiten, Standort

Als Aufhängemöglichkeit für kleinere Nisthilfen, die nicht
besonders schwer sind, eignen sich beispielsweise Loch-
bleche oder Metallösen, die an der Rückwand der Behausung angenagelt werden. Ebenso kann man auch einen
stabilen Draht entsprechend zurechtbiegen und an den
Seitenwänden der Behausung befestigen. Die Quartiere
werden an Balkongeländern, Mauern oder Pfosten in sonniger, wind- und regengeschützter Lage angebracht. Die
Öffnungen der Niströhrchen sollten dabei nach Süden sehen. Die Bienen müssen freien Zugang zu ihrer neuen
Wohnung haben. Hängt man die Nisthilfe an einem Baum
auf, darf sie nicht von Ästen oder Blattwerk verdeckt sein
oder im Wind hin und her schaukeln. Die Nisthilfen sollten spätestens Anfang März bezugsfertig sein.

Wartung

Belegte, verschlossene Pflanzenstängel dürfen nicht geöffnet oder im Winter, mit der Absicht sie zu säubern, ausgekratzt werden. Das würde die darin überwinternden
Bienen töten. Viele Wildbienen können die Reste alter
Nester selbst ausräumen und die Pflanzenstängel wieder
belegen. Die Nisthilfen müssen also nicht ausgetauscht
oder gesäubert werden. Stark verwitterte, nicht belegte
Nisthilfen kann man gegebenenfalls auswechseln.

Weil Wildbienen ihre Nachkommen häufig dort unterbringen, wo sie sich selbst entwickelt haben, könnten sich Nistplätze über Jahre hinweg wachsender Beliebtheit erfreuen – eventuell muss man dann bei besonders begehrten Niströhrchen nachlegen.

Markhaltige Pflanzenstängel

Geeignetes Baumaterial

Einige Wildbienenarten wie die Gewöhnliche Blattschneiderbiene *(Megachile versicolor)* können das Mark in Pflanzenstängeln auch selbst ausräumen. Da ihre Gelege in der Regel in den Pflanzenstängeln überwintern und die Nachkommen erst im kommenden Frühjahr schlüpfen, hilft man diesen Arten schon damit, dass man abgeblühte Stauden im Garten den Winter über stehen lässt. Zu Beginn der neuen Gartensaison, wenn die Gartenschere zur Hand genommen wird, gibt es dann genügend Material, das sich als Nisthilfe für die Bewohner markhaltiger Stängel verwenden lässt.

Im Staudengarten sind es die vertrockneten Stängel von Disteln, Königskerzen oder Fingerhüten. Im Wildsträuchergarten die abgeschnittenen Zweige von Forsythie, Brombeere, Himbeere oder Heckenrose. Am Gartenteich die markhaltigen Stängel von Binsen, Gilbweiderich, Rohrkolben oder Teichschachtelhalm. Wenn man die Abschnitte und Stängel von möglichst vielen Strauch- oder Staudenarten sammelt und als Nisthilfen anbietet, kann man später gut beobachten, welche Pflanzenarten sich bei den Wildbienen besonderer Beliebtheit erfreuen. Stängelarten, die

97

Wildbiene beim Aushöhlen eines Pflanzenstängels

über längere Zeit nicht angenommen werden, tauscht man dann gegen solche aus, die auf der Beliebtheitsskala bei den Bienen oben stehen.

Verwendung

Man befreit die Stängel von Blättern und Seitentrieben und überlegt dann, wofür man sie verwenden will. Beispielsweise kann man sie in Stücke von etwa einem Meter Länge schneiden, zehn bis fünfzehn solcher Stängel bündeln und dann waagerecht beziehungsweise in leichter Schräglage (damit Regenwasser abfließen kann) an einem Sonnenplatz an Zäunen, Pergolen, Balkongittern oder Bäumen anbringen. Kürzere Abschnitte (Länge mindestens zehn Zentimeter) kann man, wie bei den Hohlstängeln beschrieben (siehe Seite 94), in einem Holzrahmen, einer Blechdose oder im Gefach eines Wildbienenhotels unterbringen. Die weicheren Stängel von Fingerhut oder Königskerze muss man gegebenenfalls nach zwei oder drei Jahren im Frühjahr austauschen.

Nisthölzer

Viele Wildbienenarten legen ihre Eier in kleine Gänge in Holz. Da sie diese Nistlöcher aber meist nicht selbst bohren können, beziehen sie die verlassenen Wohngänge bestimmter Käferarten. Solche Nistgelegenheiten kann man Wildbienen auf recht einfache Weise zur Verfügung stellen.

Wir brauchen dazu abgetrocknete Baumscheiben oder Holzklötze, die wenigstens die Größe eines Ziegelsteines haben, eine Bohrmaschine und möglichst mehrere scharfe Holzbohrer mit unterschiedlichen Durchmessern von zwei bis zehn Millimetern. Geeignete Holzarten sind Eiche, Buche, Esche, Robinie, Birke, Apfelbaum oder Ahorn. Das Holz von Nadelbäumen eignet sich weniger, weil es ziemlich weich und grobfaserig ist und dadurch die Bohrlöcher bei feuchter Witterung schnell zuquellen.

In die Baumscheiben oder Holzklötze werden mit der ganzen Bohrerlänge (fünf bis zehn Zentimeter tief) parallele Löcher gebohrt und zwar so, dass zwischen den Löchern Zwischenräume von etwa zwei Zentimetern bleiben und das Holz nicht reißt. Wir verwenden dabei einen scharfen Bohrer und das Bohrmehl wird anschließend gründlich aus den Löchern herausgeklopft. Da wir Holzbohrer mit verschiedenen Durchmessern von zwei bis zehn Millimeter verwenden, können sich Maskenbienen, Mauerbienen, Blattschneiderbienen, Löcherbienen oder andere Hautflügler dann das jeweils passende Loch als Wohnung aussuchen.

Ebenso wie die Halmbündel kann man die Nisthölzer jetzt an einer sonnigen, regen- und windgeschützten Stelle unter einem Dachvorsprung auf der Terrasse oder dem

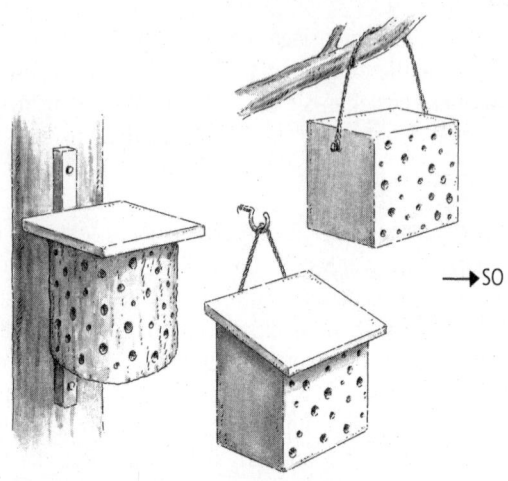

→ SO

Holzklötze mit Nistlöchern an sonnigen Hauswänden
und Bäumen sind bei vielen Wildbienen beliebt

Balkon, an Bäumen, Mauern, Gartenhäuschen oder Ähnlichem mit den Öffnungen in südöstlicher Richtung aufhängen. Oder man bringt sie in Kombination mit anderen Nisthilfen im Wildbienenhotel unter. Über einem Holzklotz oder mehreren miteinander kombinierten Klötzen oder Baumscheiben lässt sich auch ein rustikales Dach aus Schilf- oder Reetmatten, Baumrinde oder alten Biberschwänzen (Dachziegeln) errichten.

Belegte, verschlossene Löcher dürfen nicht geöffnet oder ausgekratzt werden. Viele Wildbienen können die Reste alter Nester selbst ausräumen, sodass man hier der Natur ihren Lauf lassen sollte.

Gewöhnliche Maskenbiene

Hyleaus communis

Maskenbienen (Gattung Hyleaus) *gehören zur Unter-*
familie der Urbienen (Colletinea). *Die meisten Vertre-*
ter dieser Unterfamilie besitzen keine speziellen Orga-
ne zum Sammeln von Pollen. Nektar und Pollen wer-
den verschluckt und im Kropf transportiert. In Mittel-
europa kommen etwa vierzig Arten vor.

Die Gewöhnliche Maskenbiene Hyleaus communis
ist mit fünf bis sieben Millimeter Körperlänge recht
klein, hat wie alle Arten der Gattung Hyleaus *einen*
sehr kurzen Rüssel und besucht deshalb Blütenpflan-
zen, die ihr Nahrung offen anbieten. Als Nistplätze
können ihr Ritzen und Röhren im Mauerwerk oder
in Lehmwänden dienen. Verlassene Käferbehausungen
werden ebenso akzeptiert wie hohle Pflanzenstängel.
Der Brutort muss so gelegen sein, dass er auch bei
Regen trocken bleibt. Maskenbienen errichten Lini-
ennester mit hintereinander angeordneten Brutzellen,
wobei sie ein Drüsensekret als Baumaterial nutzen.
Das Sekret härtet schnell und bildet zwischen den Brut-
zellen hauchdünne, durchscheinende Trennwände.
Der Nesteingang wird schließlich mit einer größeren
Portion des Drüsensekrets verschlossen.

Trachtpflanzen: Maskenbienen besuchen viele Blü-
tenpflanzen im Garten: Rosengewächse, Gewöhnli-
che Kratzdistel, Himbeere, Brombeere, Wilde Möhre.
Nisthilfen: Nisthölzer, Niststeine, markhaltige Pflan-
zenstängel, Wände aus Lehm und Stroh, Lehmziegel-
mauern, Trockenmauern.

Bau einfacher Nisthilfen im Überblick

Nisthilfe	Baumaterial	Abmessungen	Werkzeug
Hohle Stängel	Abschnitte von Bambus, Holunder, Brombeere, Himbeere, Pfeifenstrauch, Heckenrose, Sommerflieder, Forsythie, Pampasgras, Schilf, Buschrohr; Schilfmatte; Draht, Kordel zum Bündeln und Aufhängen; Konservendose oder Kasten mit Lochblech zum Aufhängen; Lehm, Fliesenkleber zum Befestigen der Stängel; Kaninchendraht	Abschnittslänge mindestens 10 cm, Durchmesser hohler Innenraum 2 mm – 10 mm	Gartenschere; Draht, Stricknadel, Handbohrer zum Aushöhlen; Spachtel; Nägel, Schrauben; Hammer oder Bohrmaschine
Markhaltige Stängel	Abschnitte von Königskerze, Fingerhut, Distel, Holunder, Forsythie, Brombeere, Himbeere, Heckenrose, Gilbweiderich, Rohrkolben, Binsen, Teichschachtelhalm; Draht, Kordel zum Bündeln und Aufhängen; Konservendose oder Kasten mit Lochblech zum Aufhängen; Lehm, Fliesenkleber zum Befestigen der Stängel; Kaninchendraht	Abschnittslänge für Kasten mindestens 10 cm; Abschnittslänge für freies Bündel 1 m; Durchmesser markhaltiges Inneres 2 mm – 10 mm	Gartenschere; Spachtel; Nägel oder Schrauben; Hammer oder Bohrmaschine
Hohlziegel	Lochziegel, Gitterziegel, Strangfalzziegel; Bambusröhrchen; magerer Lehm	Lochlänge 5 cm – 8 cm, Lochdurchmesser 2 mm – 10 mm	Spachtel; Draht, Stricknadel, Handbohrer zum Bohren der Löcher

Nisthilfe	Baumaterial	Abmessungen	Werkzeug
Kompakte Ziegel	unglasierte Klinker, kleinere Sandsteinblöcke; Fliesenkleber oder magerer Lehm	Lochlänge 5 cm – 8 cm, Lochdurchmesser 2 mm – 10 mm	Spachtel; Steinbohrer mit Durchmessern von 2 mm – 10 mm
Lehmziegel	Lehmziegel; magerer Lehm	Lochlänge 5 cm – 8 cm, Lochdurchmesser 2 mm – 10 mm	Spachtel; Steinbohrer, Durchmesser 2 mm – 10 mm
Hohlkörper	Tonrohr, Tonblumentopf; magerer Lehm, Ton oder Löß, eventuell mit Strohhäcksel oder Holzwolle gemischt	Lochlänge 5 cm – 8 cm, Lochdurchmesser 2 mm – 10 mm	Spachtel; Holzbohrer mit Durchmessern von 2 mm – 10 mm; Nagel, Stricknadel oder Draht zum Bohren der Löcher
Lehmkiste	Holzkiste; magerer Lehm, eventuell mit Stroh gemischt, oder Löß	Lochlänge mindestens 5 cm, Lochdurchmesser 3 mm – 6 mm	Spachtel; Draht, Bleistift, Stricknadel, Holzbohrer zum Bohren der Löcher
Abschnitte von Holz	trockene Baumscheiben oder Stücke von Eiche, Buche, Esche, Robinie, Birke, Ahorn, Apfelbaum; Totholzstücke mit Fraßgängen, Spalten, Rissen oder Astlöchern	Baumscheibenlänge mindestens 12 cm; Abschnitte ziegelsteingroß; Lochlänge 5 cm – 10 cm, Lochdurchmesser 2 mm – 10 mm	Bohrmaschine, Holzbohrer mit Durchmessern von 2 mm – 10 mm

Niststeine

Loch- und Gitterziegel eignen sich gut als Brutstätten für einige im Mauerwerk nistende Wildbienenarten.

Man kann solche Ziegel preiswert im Baumarkt kaufen. Möglicherweise findet man sie aber auch als Restposten von irgendwelchen Bauvorhaben bei Nachbarn oder Bekannten. Neben durchlöcherten Mauersteinen gibt es auch Dachhohlziegel, sogenannte Strangfalzziegel, die heute kaum noch Verwendung finden, aber für Mauer- und Blattschneiderbienen geeignete Hohlräume bieten.

Je nachdem wie groß die Löcher in den Mauersteinen sind, kann man die Steine direkt als Wildbienenbehausungen verwenden oder man schiebt in größere Öffnungen dünnere Bambusabschnitte (zehn bis zwanzig Zentimeter lang), die auf einer Seite durch einen Knoten verschlossen sind. Die Bambusröhrchen werden mit dickem Lehmbrei in den Löchern befestigt und sollten sich mit den Öffnungen leicht nach unten neigen, damit kein Regenwasser hineinlaufen kann. Lehm bekommt man beispielsweise in einer Sandgrube häufig umsonst oder beim Ofensetzer.

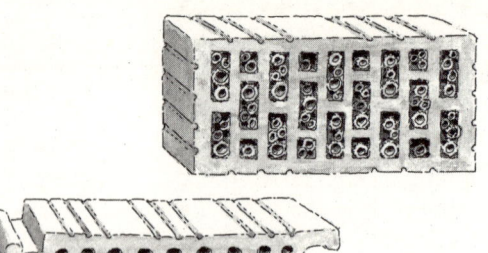

Loch- und Gitterziegel geben hohlen Stängeln Halt

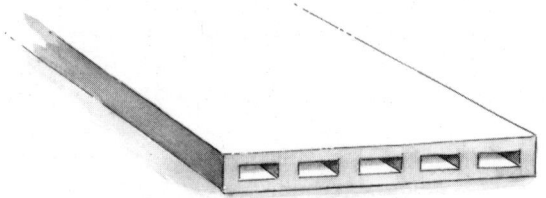

Strangfalzziegel bieten Mauer- und
Blattschneiderbienen Raum zum Nestbau

Da die meisten Wildbienenarten ihre Brutzellen in Hohlräumen errichten, die Durchmesser von drei bis sechs
Millimetern haben, kann man die großen Löcher in Zie-
geln auch komplett mit Lehm zuspachteln und dann mit
einem Rundholz (Bleistift) oder Draht durch Drehen und
Drücken entsprechende Löcher bohren. Dabei wird die
Lehmmasse im Ziegel zunächst ganz durchstoßen und das
Werkzeug anschließend mit Drehbewegungen vorsichtig
wieder herausgezogen. Wenn der Lehm trocken ist, muss
man die Innenwände der Nistgänge mit Drehbewegungen
gegebenenfalls noch etwas bearbeiten. Zum Schluss verschließt man die Öffnungen an der Rückseite mit einer
kleinen Portion Lehm.

In Lehmziegel, unglasierte Klinker oder kleinere Sand-
steinblöcke lassen sich mit einem Steinbohrer Löcher mit
verschiedenen Durchmessern bohren. Kommt der Bohrer an der Rückseite durch, wird das Loch später mit etwas Fliesenkleber verschlossen. Bimssteine und Gasbeton-
steine sind zwar leicht zu durchbohren, eignen sich aber
als Bienenbrutstätten weniger, weil sie zu viel Wasser speichern und die Eigelege im Inneren dann leicht verpilzen.

Auch ein altes Tonrohr und ein Klumpen Ton können die Grundlage für eine Wildbienenbehausung bilden. Mit einem Winkelschneider mit einer Steintrennscheibe schneidet man sich aus dem Tonrohr ein Stück von etwa zwanzig Zentimeter Länge zurecht. Das Rohrstück wird dann innen komplett mit Ton zugespachtelt. Hat man einige Bambusabschnitte zur Verfügung, kann man überlegen, ob man sie in die weiche Tonmasse einbauen will. Sobald der Ton im Rohr richtig trocken ist (unter einem feuchten Tuch im Schatten trocknen lassen, sonst gibt es Risse), bohrt man mit einem alten Holzbohrer mehrere Löcher mit kleinen Durchmessern (zwei oder drei Millimeter) in den Ton. Nach dieser Vorarbeit können dann Wildbienen die Bohrlöcher zu Nistgängen erweitern.

Niststeine und Tonrohre kann man als Einzelelemente an einem sonnigen, regen- und windgeschützten Standort mit den Öffnungen in südöstlicher Richtung verwenden oder mit anderen Nisthilfen in einem Wildbienenhaus unterbringen. Da sie aus sehr dauerhaftem Material bestehen, eignen sie sich auch ausgezeichnet für den Einbau in eine Trockenmauer. Anfang März sollten die Niststätten bezugsfertig sein.

Die Niststeine sind sehr langlebig und müssen kaum jemals ersetzt werden. Verschlossene Niströhren dürfen nicht geöffnet werden; viele Wildbienen räumen die Reste alter Nester selbst aus, um die Höhlungen wieder zu belegen.

Nisthilfen aus Lehm

Einige Mauerbienen-, Seidenbienen- und Maskenbienen-
arten errichten ihre Nester in Lößwänden oder Steilwänden in Lehm- und Sandgruben. Die Bienen graben sich
ihre Nistgänge dabei selbst.

Wenn wir eine Holzkiste vollständig mit feuchtem magerem Lehm oder Löß füllen und dann mit einem Bleistift, Draht oder Handbohrer mehrere Löcher mit Tiefen
von etwa fünf Zentimetern bohren, haben wir bereits eine
kleine Nisthilfe für die in Lehmwänden siedelnden Bienenarten fertiggestellt. Die Löcher locken Wildbienen, die
sich ihre Nistgänge selbst graben, an. Die Bienen erweitern die einladenden Löcher dann zu verzweigten Nestern. Ton und fetten Lehm sollte man für diese Art Nisthilfe nicht verwenden, weil diese Materialien nach dem
Trocknen so hart sind, dass sich die Bienen keine Nistgänge darin graben können. Die Lehmkiste braucht nur noch
eine Aufhängung und wird dann in sonniger, regensiche-
rer Lage an einem Balkongeländer, einer Balkonwand oder
Hausfassade angebracht.

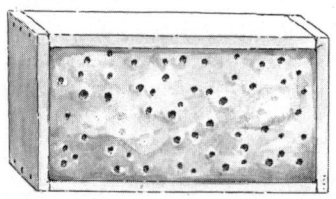

Eine Holzkiste mit Lehm ersetzt die
Lehmgrube für Masken- oder Seidenbienen

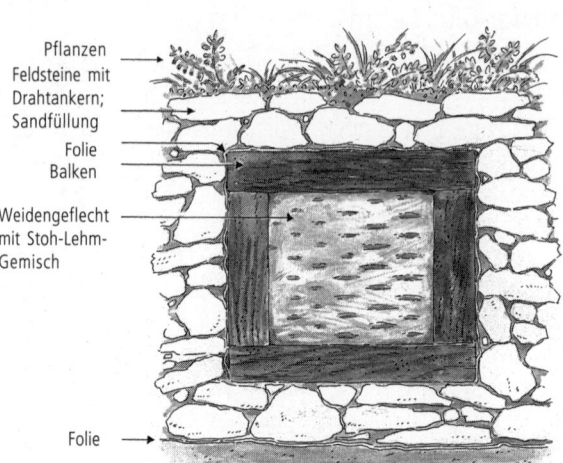

Pflanzen
Feldsteine mit
Drahtankern;
Sandfüllung
Folie
Balken
Weidengeflecht
mit Stoh-Lehm-
Gemisch
Folie
Fundament

Weidengeflecht mit Lehm, eingebaut in Mauerwerk, bietet Nistmöglichkeiten für Pelzbienen und andere Lehmbewohner

Mit Lehmziegeln, in die man fünf bis acht Zentimeter tiefe Löcher mit verschiedenen Durchmessern (vier bis zehn Millimeter) bohrt und dann zum Teil wieder mit magerem Lehm zuschmiert, schafft man Wohnungen für Hautflügler, deren Ansprüche an einen Nistplatz recht spezifisch sind. Maskenbienen wie die Gewöhnliche Maskenbiene *Hyleaus communis* (siehe Seite 101) werden einen offenen Bohrgang im Lehmziegel mit hoher Wahrscheinlichkeit sofort beziehen. Einige Lehmwespenarten wollen sich aber ihre Brutröhren lieber selbst graben und finden dann in den Löchern, die wir wieder mit Lehm zugeschmiert haben, eine geeignete Stelle.

Lehmziegel kann man in einem Wildbienenhaus unterbringen oder in eine Trockenmauer einbauen. Wenn man genügend Material zur Verfügung hat, kann man auch eine ganze Wand aus Lehmziegeln oder aus mit Löß gefüllten Holzkisten errichten. Der Platz, an dem man sie verwendet, muss immer sonnig und regengeschützt sein. Die Öffnungen zeigen nach Süden. Wegen der aufsteigenden Feuchtigkeit dürfen Lehmziegel nicht direkt mit dem Erdreich in Berührung kommen. Die Nisthilfen sollten etwa ab Anfang März bezugsfertig im Garten platziert sein.

Fertige Nisthilfen

Die beschriebenen Nisthilfen für Wildbienen gibt es teilweise auch als Fertigprodukte zu kaufen. Weil sich sowohl Anbieter als auch deren Produkte relativ rasch ändern können, erfolgt hier nur eine allgemeine Vorstellung der unterschiedlichen Nisthilfen.

Die Auswahl reicht von durchlöcherten Blöcken aus atmungsaktivem Holzbeton oder abgelagertem Buchenholz über Schilfabschnitte in einem Gehäuse bis zu fertigen kleinen Nistwänden mit Schilfröhrchen und durchlöcherten Lehmziegeln. Daneben sind auch Kombinations-Nisthilfen für Wildbienen, solitäre Wespenarten, Ohrwürmer, Florfliegen oder Marienkäfer erhältlich. Auch Nisthilfen mit integrierter Minilehmwand sind erhältlich. Ein anderes Quartier, das vor allem für Mauerbienen, Löcheroder Maskenbienen gedacht ist, hat ein aus Holzbeton gefertigtes Gehäuse und ist mit Schilfstängeln gefüllt, die ein unauffälliges Drahtgeflecht vor dem Herausfallen schützt. Gleichzeitig verhindert das Drahtgeflecht, dass

hungrige Vögel an die Bienenbrut im Inneren der Röhrchen gelangen.

Auch Nistziegel aus gebranntem, atmungsaktiven Ton
gibt es fertig zu kaufen. Die Ziegel enthalten jeweils hun-
dertfünfzig bis zweihundert Nistgänge mit Durchmessern
von zwei bis elf Millimeter. Außerdem gibt es Minihotels
in Häuschenform in zahlreichen Varianten. Die Quartiere
sind beispielsweise aus Birkensperrholz gefertigt und mit
umweltfreundlicher Wachslasur gestrichen. Mit den Quar-
tieren wird meist eine entsprechende Aufhängung gelie-
fert. Die Bienenhäuschen kann man mit selbst zurechtge-
schnittenen Schilf- oder Bambusabschnitten füllen oder
die vom Hersteller angebotenen Niströhrchen verwenden
(Anbieter siehe ab Seite 165).

Schaukästen

Hersteller von Naturschutzprodukten bieten fertige Be-
obachtungskästen an, mit denen man die Entwicklung der
Bienenbrut in ihrer Kinderstube verfolgen kann. Auch
manche Umwelt- oder Schulbiologiezentren verleihen Be-
obachtungskästen. Im Prinzip handelt es sich dabei um
Kästen mit aufklappbarer oder herausnehmbarer Vorderwand. Die Vorderwand enthält zahlreiche Einschlupflöcher, die in Niströhren an der Türinnenseite übergehen.
Die Niströhren bestehen entweder aus einem speziellen
durchsichtigen Material oder aus Kanthölzern mit ausgefrästen Nistgängen und Glasabdeckung.

Für die Kästen selbst werden unterschiedliche Materialien verwendet. Ein aus Holzbeton gefertigter Kasten beispielsweise hat eine abnehmbare Frontplatte mit unter-

schiedlich großen Einschlupflöchern. Hinter den Einschlupflöchern befinden sich transparente Kunststoffröhrchen, in denen man die Entwicklung der Bienenbrut nach dem Herausnehmen der Vorderwand beobachten kann. Durch einen Schaumstoffpfropfen am Ende jedes Röhrchens und die Einschlupflöcher soll genügend Luft in die ansonsten luftundurchlässigen Röhrchen gelangen; es passiert aber, dass der Bienennachwuchs in seinen gläsernen Brutzellen zugrunde geht. Offenbar ist die Luftzufuhr allein durch die beiden Öffnungen des Röhrchens manchmal nicht ausreichend, um die Brutzellen durch die Trennwände, die eine Bienenmutter zwischen ihnen errichtet, zu belüften. Das sich in den Brutzellen bildende Kondenswasser kann bei ungünstigen Witterungsbedingungen nicht verdunsten und es kommt vor, dass die eingetragenen Pollenvorräte verschimmeln oder der Bienennachwuchs in seiner Kinderstube erstickt. Daran sollte man sicher auch denken, wenn man einen Schaukasten selbst bauen und dabei Glas- oder Plastikröhrchen verwenden will.

Ein anderes Beobachtungsmodell schließt dieses Problem aus. Hinter einer aufklappbaren Holztür mit unterschiedlich großen Einfluglöchern verbergen sich quaderförmige Massivholzprofile mit ausgefrästen Nistgängen. Die nach oben hin offenen Nistgänge sind jeweils so breit wie die Einfluglöcher und werden mit kleinen Acrylglasscheiben abgedeckt, durch die sich die Entwicklung der Bienenbrut gut beobachten lässt. Die atmungsaktiven Massivhölzer sind vor dem jeweiligen Einflugloch auf Metallwinkeln befestigt und können zu Beobachtungszwecken abgenommen werden (Anbieter siehe ab Seite 165).

Wildbienenwand und Lehrpfad

Durch den Bau von Nisthilfen und das Beobachten ihrer Besiedler machen Kinder und Jugendliche unmittelbare Erfahrungen mit einfachen handwerklichen Tätigkeiten und der geheimnisvollen Kleinlebewelt von Hautflüglern. In vielen Schulen und Kindergärten erregt das Thema »Wildbienen« zunehmendes Interesse, und in der Gruppe machen die damit verbundenen Bastelarbeiten und Naturbeobachtungen am meisten Spaß.

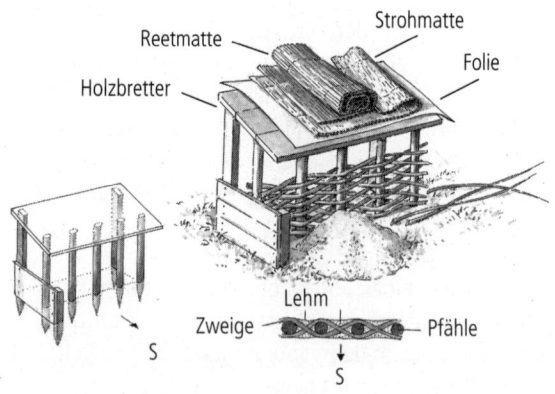

Professionelle Hilfe bei größeren Bauprojekten
wie einer freistehenden Lehmflechtwand
bieten Naturschutzorganisationen

Bei größeren Bauprojekten kann man sich auch professionell helfen lassen. Beispielsweise durch einen Fachmann, der in Kooperation mit einer Naturschutzorganisation zusammen mit Kindern eine Wildbienenschauwand vor Ort aufbaut und das hierfür benötigte Material mitbringt. Beispielsweise bestehen die tragenden Elemente der Holzkonstruktion für solch ein Bauprojekt aus vier Eichenbalken zwischen denen eine Wildbienenwand mit einer Fläche von zwei mal vier Metern errichtet wird. Eine besondere Note erhält die Konstruktion durch ein Flachdach, das zur späteren Bepflanzung vorgesehen ist. Die gemeinsamen Arbeiten nehmen drei Tage in Anspruch und verteilen sich auf Fundamentvorbereitung, Lehmaufbereitung, Holzzuschnitt, Anbohren von Hartholzblöcken und Lehmziegeln, Zurechtschneiden von Schilfrohr und Stroh, Gründachvorbereitung, Aufbau der Gefache, Dachbepflanzung und Anbringen einer Infotafel. Als Ergänzung zur Wildbienenwand wird das Anlegen eines Wildbienenlehrpfades angeboten. In Gemeinschaftsarbeit werden eine Wildblumenwiese angelegt, ein Sandhaufen von einer Trockenmauer eingefasst, ein Totholzhaufen aufgeschichtet und schließlich auf Lehmbasis ein kleiner Teich gebaut, der als Bienentränke dient (Anbieter siehe Seite 167).

Wildbienen erleben

Keine Angst vor Wildbienen

Generell besitzen die Weibchen der Stechimmen, zu denen die meisten der sowohl einzeln als auch in Staaten lebenden Wespen und Bienen gehören, einen Giftstachel am Hinterleib, der mit einer Giftdrüse in Verbindung steht.

Für viele einzeln lebende Wespenarten dient dieser Giftstachel zum Beutefang. Sie lähmen ihre Opfer durch einen Stich ins Nervensystem und tragen die Beute dann in ihre Nester. Ihr Stachel ist aber zu schwach, um menschliche Haut zu durchdringen. Das gilt auch für die meisten solitären, also einzeln lebenden Wildbienenarten. Dagegen sind vielen Menschen die recht schmerzhaften Stiche der sozialen, in Staaten lebenden Wespen und Honigbienen wohlbekannt.

Stechimmen sind von Natur aus nicht angriffslustig. Sie werden nur dann gefährlich, wenn sie eine Bedrohung für ihre Brutstätte oder das eigene Leben sehen. Grundsätzlich verhalten sich dabei die Staaten bildenden Arten wie Honigbienen, die bekannte Gewöhnliche Wespe, Hummeln oder Hornissen am Nest angriffslustiger als einzeln lebende Wespen oder Bienen. Deshalb kann man sich den Niststätten solitärer Wespen und Bienen auch ohne Bedenken nähern. Man kann sie aus kurzer Distanz betrachten, ohne dass die Gefahr besteht, gestochen zu werden. Im Gegensatz zu den in Staaten lebenden Arten haben solitäre Bienen und Wespen auch keine gemeinsamen Angriffsstrategien entwickelt. Selbst wenn viele von ihnen

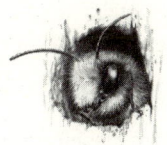

Zu schwach für einen Stich – Solitärbienen
können menschliche Haut mit ihren Stacheln
nicht durchdringen. Die Bienen tun Menschen
nichts zuleide.

den gleichen Nistplatz besiedeln, würden sie sich nie im
Pulk auf einen Angreifer stürzen.

Bezüglich der »Stechlust« gibt es aber auch bei den sozialen Arten Unterschiede. Hummeln gelten allgemein als
friedfertig, und das sind sie auch. Ihre »Gutmütigkeit« hat
bei vielen Menschen sogar zur Annahme geführt, dass sie
überhaupt nicht stechen können. Sie können es, tun es
aber höchst selten. Die Honigbiene wird nur stechen, wenn
sie ihren Stock oder sich selbst akut bedroht sieht. Sie
kann ihren Giftstachel nur einmal im Leben einsetzen,
denn er besitzt einen Widerhaken, der in der Haut des
Opfers hängen bleibt, wodurch der Stachel mitsamt der
Giftblase aus dem Hinterleib der Biene gerissen wird. An
dieser Verletzung stirbt die Biene; sie verblutet.

Auch von den sozialen Wespenarten wie der bekannten Gewöhnlichen Wespe gehen für Menschen keine un-
mittelbaren Gefahren aus. Wenn man ihre Nester aus einem Abstand von drei oder vier Metern betrachtet und
sie ansonsten in Ruhe lässt, hat man von ihnen nichts zu
befürchten.

115

An drückend schwülen Sommertagen aber sind einzelne Exemplare der Honigbiene und der kleineren sozialen Wespenarten scheinbar unberechenbar und stechen zuweilen ohne ersichtlichen Grund, sodass man ihren Nestern dann am besten nicht zu nahe kommt.

Die Gifte der einzelnen Stechimmen-Arten sind einander sehr ähnlich, auch die Giftmengen, welche die einzelnen Arten beim Stich verspritzen, sind fast identisch. Deshalb ist ein Hornissenstich für einen gesunden Menschen im Prinzip nicht gefährlicher als der Stich einer Honigbiene. Hornissengift ist sogar weniger giftig als das Gift der Honigbiene. Zoologen berichten von jungen Ratten, die sechzig Hornissenstiche ohne erkennbaren Schaden überlebten. Umgerechnet wären so tausend Hornissenstiche auf einmal nötig, um einen siebzig Kilogramm schweren Menschen ernsthaft zu gefährden. Nach massiver Provokation fliegt maximal ein Viertel der Bewohner eines Nestes aus, bei einem großen Hornissennest von bis zu achthundert Bewohnern also höchstens zweihundert Tiere, von denen nur wenige wirklich stechen werden.

Für Menschen, die auf Insektenstiche allergisch reagieren, kann allerdings schon ein einziger Bienen- oder Wespenstich gefährlich werden. In solchen Fällen, wie auch bei Stichen im Mund und Rachenraum, braucht man sofortige ärztliche Hilfe.

Wildbienen bestimmen

Eine exakte Artbestimmung ist bei den meisten solitären Bienen selbst für Insektenforscher schwierig und lässt sich oft nur an präparierten Tieren durchführen. Nur unter dem Stereomikroskop lassen sich entscheidende Merkmale wie eine charakteristische Hinterleibs- oder Flügelzeichnung und Ähnliches sicher erkennen.

Für Naturliebhaber, die sich für Wildbienen in ihrer Formenvielfalt näher interessieren, fangen die Schwierigkeiten aber schon damit an, dass sie sich oft nicht in der Lage sehen, eine Wildbiene von einigen Grabwespenarten zu unterscheiden, oder eine Honigbiene von manchen ihrer wild lebenden Verwandten. Das ist nicht verwunderlich, da die einzelnen Arten zum einen vielfach nahe miteinander verwandt sind, sich Grabwespen beispielsweise erst im Laufe der Evolution von den Bienen abgespalten haben und deshalb eine enge verwandtschaftliche Beziehung und Ähnlichkeit im Aussehen bestehen. Zum anderen sehen manche Seiden- und Sandbienenarten den Honigbienen auch ohne nahe Verwandtschaft zum Verwechseln ähnlich.

Mit Bestimmungsbüchern, die Farbfotos zum Vergleich anbieten, lassen sich nur selten sichere Erkenntnisse gewinnen. Wie fast alle Fluginsekten halten Wildbienen beim Fotografieren nicht still, und der Fotograf ist somit kaum in der Lage, alle Details, die für ein gutes Bestimmungsfoto wichtig sind, in aller Ruhe auf den Film zu bannen. Deshalb eignen sich Bücher mit präzisen Zeichnungen, auf denen Fühler und Gliedmaßen sichtbar ausgebreitet dargestellt sind, zur Artbestimmung manchmal besser. Man findet allerdings kaum ein Werk, das sich ausschließlich mit Wildbienen befasst. In der Regel werden immer nur einige Wildbienenarten neben anderen markanten Vertretern aus der Ordnung der Hautflügler vorgestellt.

Daneben gibt es noch eine ganze Reihe von Publikationen, die sich näher mit der biologischen Klassifikation, mit Bestimmungsschlüsseln oder geeigneten Maßnahmen zum Schutz unserer heimischen Wildbienen befassen. Zum Teil handelt es sich um Veröffentlichungen von Naturschutzverbänden, um wissenschaftliche Abhandlungen in Loseblatt- oder Broschürenform oder um Initiativen von interessierten Einzelpersonen oder Gruppen, die sich dem Thema auf speziellen Internetseiten widmen. Auf solche Informationsquellen wird im Anhang dieses Buches hingewiesen.

In allen wissenschaftlichen Veröffentlichungen wird man als naturinteressierter Laie feststellen, dass die wenigsten Wildbienenarten deutsche Namen tragen und es in Verbindung mit dem Art- oder Gattungsnamen mehrere Synonyme gibt. Wissenschaftliche Bezeichnungen müssen sein. Aber die konkurrierenden Fachbegriffe sind für den Freizeitforscher eher verwirrend und kommen durch unterschiedliche Auffassungen der Systematiker zustande. Einige benutzen einen eingeführten Namen noch über Jahre, während er vielleicht nicht mehr dem letzten Stand der Nomenklatur entspricht. Davon sollte man sich allerdings nicht abschrecken lassen. Um sich in der formenreichen Welt der Wildbienen zurechtzufinden, genügt keine Beschreibung oder die Vorstellung der Arten nach einem etablierten Schema. Die faszinierenden Insekten werden bei alleiniger theoretischer Betrachtung Unbekannte bleiben, denn nur durch eigene Erfahrungen und Beobachtungen wird man nach und nach herausfinden, wer sie sind, wo sie wohnen oder welche Blüten ihnen »schmecken«.

Kleine Harzbiene
Weibchen, 6 mm – 7 mm

Rote Mauerbiene
Weibchen, 8 mm – 10 mm

Honigbiene
Arbeiterin, 11 mm – 14 mm

Vierbindige Furchenbiene
Weibchen, 15 – 16 mm

Deutsche Wespe
Arbeiterin, 12 mm – 16 mm

Blaue Holzbiene
Weibchen, 20 mm – 23 mm

Gartenhummel
Königin, bis 28 mm

Hornisse
Königin, bis 38 mm

Größen von Honigbienen-Arbeiterin, Wespen-Arbeiterin,
einigen Wildbienen-Weibchen, Gartenhummel-Königin
und Hornissen-Königin im Vergleich: Die Länge der
Balken entspricht jeweils der Körperlänge der Insekten

Hautflügler – ein kleiner Einblick in eine große Insektenordnung

Solitär und in Staaten lebende Bienen und Wespen bilden gemeinsam mit den Ameisen die ebenso interessante wie komplizierte Insektenordnung der Hautflügler *(Hymenoptera)*, deren Vielfalt schier unerschöpflich erscheint: Derzeit weiß man von etwa hundertundfünf Familien mit weltweit über 200.000 Arten. Davon leben über 11.000 in Mitteleuropa – Hautflügler stellen in Mitteleuropa etwa ein Drittel aller Tierarten.

In der Gruppe der Hautflügler finden wir all jene Insekten, die zwei gleichartige, schuppenlose und meist durchscheinende Flügelpaare besitzen, wobei die Vorderflügel deutlich größer als die Hinterflügel sind. Die beiden Flügelpaare sind durch Häkchen miteinander verbunden, wodurch beim Fliegen eine zusammenhängende Fläche entsteht. Sobald die Insekten ruhen, wird diese Verbindung gelöst, die Flügel liegen schuppenartig übereinander.

Hautflügler werden eingeteilt in zwei unterschiedlich große Unterordnungen. Man unterscheidet Pflanzenwespen *(Symphyta)* mit weltweit etwa 10.000 Arten und Taillenwespen *(Apocrita)* mit schätzungsweise 200.000 Arten.

Bei den Pflanzenwespen, zu denen beispielsweise Blattwespen, Holz- und Halmwespen gehören, ist der Hinterleib in voller Höhe und Breite mit der Brust verwachsen. Fossile Funde beweisen, dass es Pflanzenwespen bereits vor etwa 225 Millionen Jahren gab.

Bei Taillenwespen erkennt man die typische »Wespentaille«, eine tiefe Einschnürung zwischen Brust und Hinterleib. Zu den Taillenwespen gehören die Stechimmen, zu denen man unter anderem Bienen, Faltenwespen, Grabwespen und Ameisen rechnet. Taillenwespen

entwickelten sich während des Jura (dieser erdgeschicht-
liche Zeitraum begann vor etwa 199 Millionen Jahren
und endete vor etwa 145 Millionen Jahren). Im Gegensatz zur Pflanzenwespe, deren breiter Hinterleib an der
Basis fest mit der Brust verwachsen ist, besitzt eine Tail-
lenwespe zwischen Hinterleib und Brust ein bewegliches
Verbindungssegment, das bei einigen Arten so dünn ist,
dass die Speiseröhre, das Rückengefäß, der Nervenstrang
und einige Sehnen gerade noch hineinpassen. Dank dieses elastischen Körperteils können sich Taillenwespen
schneller als Pflanzenwespen einer Gefahr entziehen, sich
aus dem Griff eines Räubers retten oder wieder auf die
Beine kommen, wenn sie auf den Rücken gefallen sind.
Außerdem sind sie in der Lage, sich bei kraftraubenden
Grabarbeiten in den engen Röhren ihrer Nestbauten
umzudrehen. Ihre Beweglichkeit befähigt Taillenwespen,
deren Weibchen einen Stachel besitzen, auch selbst zu
einer räuberischen Lebensweise. Sie können auch größere, wehrhafte Beutetiere präzise betäuben und in ihre
Brutkammern transportieren.

Bei den Faltenwespen (Familie *Vespidae),* die deutli-
che Körperformen der Taillenwespen zeigen und zu diesen gezählt werden, und deren bekannteste Vertreter
wahrscheinlich die Hornisse *(Vespa crabro)* und die Deutsche Wespe *(Paravespula germanica)* sind, bleibt die Verbindung zwischen den Flügelpaaren auch in der Ruhe-
stellung erhalten. Die Vorderflügel werden nur einmal in
Längsrichtung gefaltet, und die Insekten fallen beim
Betrachten dann durch ihre ungewöhnlich schmalen Flügel auf.

Biene oder Wespe – und welche Art?

Einige solitäre Wildbienen sehen Honigbienen, solitär lebenden Grabwespen oder sozial lebenden Faltenwespen recht ähnlich. Die exakte Artbestimmung ist deshalb eine Sache für Experten. Wissenschaftler betrachten zur Bestimmung die Form der Hinterbeine, die Kopfzeichnung, das geäderte Muster der Flügel oder die Behaarung der Tiere.

Worin unterscheiden sich nun Bienen von Falten- oder Grabwespen? Das für Wissenschaftler wichtigste Unterscheidungsmerkmal, ob es sich um Biene oder Falten- oder Grabwespe handelt, besteht im unterschiedlichen Bau der Hinterbeine (Hintertarsus). Bei Bienen ist das erste Glied der Hinterbeine (Metatarsus) deutlich verbreitert, bei Falten- oder Grabwespen und übrigen Hautflüglern ist es nur unwesentlich breiter als die folgenden Fußglieder.

Soziale Wespen unterscheiden Wissenschaftler unter anderem aufgrund der unterschiedlichen Kopfzeichnungen der Arten. Die Kopfzeichnung ist ein wichtiges Zuordnungskriterium einer sozialen Wespe zu ihrer Art.

Zur Bestimmung der einzelnen Bienenarten werden vor allem die Vorderflügel mit ihrem unterschiedlich ausgebildeten Geäder herangezogen. Bei der Honigbiene *(Apis mellifera)* ist beispielsweise die am Flügelrand liegende Zelle (Radialzelle) lang gezogen. Bei Furchen- oder Schmalbienen *(Halictinae)* zeigt die zum Flügelrand führende Querader (Basalnerv) eine für Furchen- oder Schmalbienen typische Rundung.

Anhand der Behaarung lassen sich Bauchsammler- und Beinsammlerbienen unterscheiden. Die Weibchen der Bauchsammlerbienen besitzen eine besondere, zur Sammeleinrichtung entwickelte Bauchbehaarung (Bauchbürste) und unterscheiden sich damit von den Beinsammlerbienen und deren charakteristischer Behaarung an den Hinterbeinen. Charakteristisch für eine Honigbiene sind zum Beispiel die Pollenkörbchen an den Hinterbeinen zum Sammeln der Pollen. Sandbienen *(Andrena)* besitzen dafür eine markante »Hüftlocke« auf dem Schenkelring am Bauch.

Wildbienenfotografie

Zum Fotografieren von Wildbienen und anderen Hautflüglern empfiehlt sich eine »sehende« Kamera, eine einäugige Spiegelreflexkamera, die uns im Sucher über den Bildaufbau, die Bildbegrenzung und die Schärfeverteilung genau informiert.

Die Insekten, die wir fotografieren möchten, sind oft nur wenige Millimeter groß, sodass wir ein Makroobjektiv (Brennweite hundert Millimeter), gegebenenfalls auch Zwischenringe oder ein Balgengerät (ausziehbare Verbindung zwischen Objektiv und Gehäuse) benötigen, um die Tiere in zufriedenstellender Größe abzubilden.

Die meisten Wildbienen sind aber nicht nur sehr klein, sondern auch ausgesprochen flink, sodass sie uns im Handumdrehen aus dem Bildwinkel gelaufen oder davongeflogen sind. Man muss also ziemlich schnell reagieren und im richtigen Moment auf den Auslöser drücken.

Damit schnelle Bewegungen »eingefroren« werden und das Bild die nötige Tiefenschärfe erhält, braucht es aber noch zwei ganz wichtige technische Voraussetzungen: eine kleine Blende und eine kurze Verschlusszeit.

Beides lässt sich bei der Insektenfotografie eigentlich nur durch die Zuhilfenahme eines Blitzgerätes erreichen. Dabei gibt es teure Blitzgeräte, bei denen die Blendenfunktion und die Belichtung automatisch geregelt werden. Sie vereinfachen zwar das Fotografieren, führen aber nicht unbedingt zu befriedigenden Ergebnissen. Ringblitze, als kreisrunde Lichtquellen um die Linse, sorgen für eine gute Detailwiedergabe des Motivs. Das Bild wird hierbei jedoch sehr gleichmäßig und damit auch ziemlich monoton ausgeleuchtet. Wer sich ernsthaft mit dem Fotografieren von Wildbienen befassen möchte, sollte es vielleicht zunächst einmal mit zwei einfachen kleinen Batterieblitzen versuchen, die auf einer Metallschiene rechts und links neben der Linse angebracht sind. Die Blitze kann man auf der Metallschiene hin und her schieben und sie sitzen zudem auf einem beweglichen Kugelgelenk. So kann beispielsweise der eine Blitz den Hintergrund ausleuchten, während der andere direkt auf das Insekt gerichtet ist. Die richtige Blende hat man schnell nach einigen Probeaufnahmen ermittelt. Diese Ausrüstung ist zum einen relativ preiswert und zum anderen nicht allzu schwer. Mit einiger Übung kann man damit sogar gute Freihand-Aufnahmen machen und auf ein Stativ verzichten.

Mörtelbienen

Megachile

Mörtelbienen werden mit den Blattschneiderbienen (siehe auch Seite 52) in der Gattung Megachile *zusammengefasst. Charakteristisch für eine Biene dieser Gattung sind ihr in der Mitte verengter Hinterleib und eine Bauchbürste zur Aufnahme großer Pollenmengen. Mörtelbienen und Blattschneiderbienen kommen in Deutschland mit etwa zwanzig Arten vor.*

Im Gegensatz zu den Blattschneiderbienen bauen Mörtelbienen ihre Nester nicht aus Blattstücken, sondern stellen aus Sand, Lehm, Nektar und Speichel eine mörtelähnliche Masse her. Damit wird an Felsen oder altem Mauerwerk eine zunächst nach oben hin offene Brutkammer errichtet. Danach wird der untere Teil der Kammer mit einem Nahrungsbrei aus Nektar und Pollen gefüllt und schließlich ein Ei daraufgelegt. Nun wird die Brutzelle mit Mörtel verschlossen und die nächste Zelle in gleicher Weise dicht daneben angelegt. In der Regel besteht das Nest am Ende aus etwa sechs, gelegentlich auch mehr als zehn unregelmäßig angeordneten Brutzellen. Zum Schluss wird das gesamte Bauwerk mit einer zusätzlichen, unauffälligen Mörtelschicht überzogen. Die getrocknete Mörtelschicht über den Brutzellen ist so hart, dass ein Vogel sie mit seinem Schnabel nicht zertrümmern und die darunter verborgene Bienenbrut deshalb nicht verspeisen kann.

Lebensräume schaffen

Wildbienen brauchen Nisthilfen und als überlebenswichtige Ergänzung Blütenpflanzen, die den Bienen vom zeitigen Frühjahr bis in den Herbst hinein als Nahrungsquellen zur Verfügung stehen. Viele Wildbienenarten sind aber hoch spezialisiert und können sich nicht mit jeder schönen Blume, die vor unserer Haustür oder im Garten wächst, anfreunden, da die Bienen – durch den Bau ihrer Mundwerkzeuge oder unterschiedliche Rüssellängen bedingt – nicht in der Lage sind, jede angebotene Nahrungsquelle zu nutzen. Andere Bienenarten verhalten sich unspezifischer und befliegen Blütenpflanzen aus vielen Pflanzenfamilien, und aus Bienensicht werden die Blüten dann besonders wertvoll, wenn sie in der gesamten Flugzeit der Bienen regelmäßig anzutreffen sind. Den Nahrungsansprüchen aller Bienen, also sowohl der unspezialisierten Arten mit breiter Nahrungsbasis wie auch der Spezialisten, die sich nur an ihre Lieblingsblumen halten, wurden früher die traditionellen Bauerngärten gerecht und sie haben auch heute noch eine Vorbildfunktion. Rund hundertdreißig Blütenpflanzen, die dort wachsen können, werden von Wildbienen besucht und als Futterquellen genutzt, etwa fünfzig davon sind begehrte Nektar- und Pollenspender für die Nahrungsspezialisten unter den Wildbienen.

Alte Bauerngärten, in denen die Blühperioden der Nutz- und Zierpflanzen und die Flugzeiten der Bienen zeitlich weitgehend übereinstimmen, sind heute selten zu finden. Doch viele Pflanzen, die dort wachsen und für Bienen als Futterquellen unverzichtbar sind, gedeihen auch in einem

Wildbienen sind Feinschmecker – ein Pflanzgefäß
mit blühenden Küchen- und Gewürzkräutern braucht
wenig Platz und sorgt für Wohlgefühl bei Biene und Mensch

Ziergarten, in Balkonkästen und Blumenkübeln. Bei Wildbienen beliebt sind zum Beispiel folgende typischerweise
im Bauerngarten blühende Pflanzen: Hohe Schlüsselblu-
me *(Primula elatior)*, Kleinblütige Königskerze *(Verbascum
thapsus)*, Kopflauch *(Allium sphaerocephalon)*, Schwarz-
blütige Akelei *(Aquilegia atrata)* oder Steppensalbei *(Salvia
nemorosa)*. Platz für blühende Pflanzen findet man ebenso
an Mauern und Zäunen oder in mancher kahlen und un-
genutzten Ecke rund um unser Haus. Und wo es ein viel-
fältiges Angebot an blühenden Pflanzen gibt, tauchen auch
zahlreiche Wildbienenarten auf, die sich für den Nektar
und die Pollen dieser Pflanzen interessieren.

127

Auf Terrasse und Balkon

Balkone und Terrassen haben gegenüber normalen Haus-gärten den Vorteil, dass man nur die Wohnzimmerschwelle überschreiten muss, um ein Stück lebendiger Natur zu erleben, sie sind Naturoasen direkt vor der Tür – wenn man es nur will.

Nahezu jeder Balkon und jede Terrasse eignen sich als Kleinstgärten, die nach den gleichen jahreszeitlichen Ge-setzen funktionieren wie jeder andere Garten. Dabei ist es egal, ob sie in ländlicher Umgebung oder im zehnten Stockwerk eines Hochhauses mitten in einer Großstadt liegen. Wenn man sich mit den Möglichkeiten, eine Ter-rasse oder einen Balkon zu bepflanzen, näher befasst, wird man erstaunt sein, wie viele Gewächse in Gefäßen aller Art gedeihen können. Außerdem wird man erkennen, dass ein Balkon- oder Terrassengarten überhaupt nicht eintö-nig sein muss. Er lässt sich als Freiluftinsektarium gestal-ten, als Gemüsegarten, Obstgarten oder Kletterpflanzen-garten und bietet sogar Platz für eine kleine Blumenwiese.

Viele Gemüsesorten und Küchenkräuter, Obstgehölze oder Fassadenkletterer, die sich auf einem Balkon oder einer Terrasse ziehen lassen, sind gleichzeitig gute Nah-rungsquellen für pollen- und nektarsuchende Bienen und Hummeln. Für diese Insekten ist das Blütenangebot in der Natur sehr kümmerlich geworden, sodass attraktive Blüteninseln auf dem Balkon oder der Terrasse zu einer Tankstelle für Blütennektar werden, an der man Wildbie-nen oder Schmetterlinge gebührenfrei bewundern kann. »Klassische« Balkonpflanzen wie Petunien oder Geranien stehen aber bei nektarsuchenden Insekten auf der Beliebt-heitsskala ganz tief unten. Das heißt allerdings nicht, dass

man zugunsten der Insekten
ganz auf sie verzichten muss.
Man sollte sich eben nur
nicht auf sie beschränken.
Es gibt eine große Palette
von Pflanzen, die auf viel-
fältigste Weise Bedeutung
haben: nicht nur als farbenprächtige Blumen, sondern
auch als essbare Gewächse
und zugleich als Trachtquellen
für Bienen.

Je reichhaltiger unser Angebot an Nektarblumen auf
dem Balkon oder der Terrasse ist, desto mehr Wildbienenarten finden sich ein. Das Gleiche gilt für Nisthilfen,
die wir den Tieren anbieten. Mit einem Wildbienenhotel,
das unterschiedlichste Wohnungsangebote wie Hohlziegel,
Nisthölzer oder Halmbündel enthält, gehen wir auf ihre
vielfältigen Lebensansprüche ein. Eine Wildbiene kann sich
jeweils die Wohnung aussuchen, die ihr zusagt, diese beziehen und als Kinderstube einrichten.

Kräuterkasten

Gern von Wildbienen besuchte Küchen- und Gewürzkräu-
ter, die sich für einen Kräuterkasten auf Balkon und Terrasse eignen, sind zum Beispiel blühender Salbei *(Salvia
officinalis)*, Borretsch *(Borago officinalis)*, Schnittlauch
(Allium schoenoprasum), Fenchel *(Foeniculum vulgare)*,
Kümmel *(Carum carvi)*, Lavendel *(Lavandula angustifo-
lia)*, Ysop *(Hyssopus officinalis)* oder blühende Zitronen-

129

melisse *(Melissa officinalis)*. Bei der Kräuterernte sollte nur ein Teil der im Frühjahr üppig treibenden Blätter und Blütenstängel abgeschnitten werden, denn nur wenn die Pflanzen zur Blüte kommen, werden Wildbienen und andere Nektar- und Pollensammler angelockt. Das Gleiche gilt auch für viele Gemüsearten wie Lauch oder Küchenzwiebeln, die zu begehrten Nahrungsquellen für Solitärbienen werden, wenn man einige Pflanzen bis zur Blüte stehen lässt.

Wildblumenkasten

Für viele Naturgärtner ist eine richtige Wildblumenwiese die Krönung ihrer Träume. Der Weg dorthin ist meist mühsam und Möglichkeiten und Wünsche passen oft nicht zusammen. Die Blumenwiese auf dem Balkon stellt den Gärtner dagegen vor keine größeren Probleme. Fast automatisch entsteht eine kleine Oase für Flora und Fauna mit ungewohnten Farbspielen und Landeplätzen für nektarsuchende Bienen, Hummeln oder Schmetterlinge. Platz für die Blumenwiese auf dem Balkon ist überall dort, wo es windgeschützt und überwiegend sonnig ist.

Sie brauchen ein größeres Pflanzgefäß mit Abflusslöchern im Boden und füllen es mit einem Gemisch aus Sand und nährstoffarmer Erde. Samenmischungen, die bekannte Wildblumenarten wie Kornblume, Klatschmohn, Färberkamille oder Margerite enthalten, bekommen Sie in Gartencentern oder anderen Fachgeschäften. Die Samen werden von April bis Juni etwa einen Zentimeter tief im Pflanzgefäß ausgesät und müssen anschließend ständig feucht gehalten werden.

Nach etwa zwei Wochen beginnen die Samen zu keimen. Nach weiteren zwei Wochen blühen die ersten Blumen und das bunte Blumenbild auf dem Balkon wandelt sich von Monat zu Monat bis in den Herbst hinein.

Kletterpflanzen für Balkon und Terrasse

Auf Seite 135 finden Sie einige Beispiele für blühende Kletterpflanzen, die sich für alle Formen der Balkon- und Terrassenbegrünung eignen und gleichzeitig gute Trachtquellen für nektarsuchende Insekten sind. Auch einige fremdländische Arten wie Blauregen, Feuerbohne, Flaschenkürbis oder Glockenrebe, die wegen ihrer Blütenpracht oder ungewöhnlichen Fruchtformen bei Gärtnern beliebt sind, werden von Bienen gerne angeflogen.

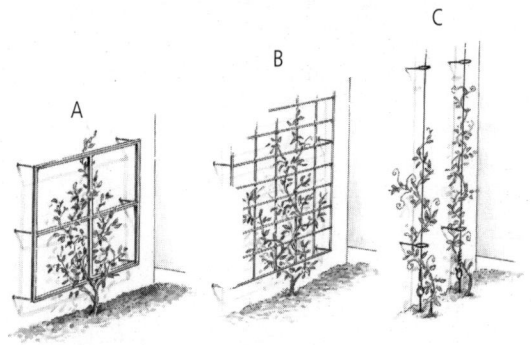

Als Rankhilfen eignen sich Holzgitter (A) oder Metallgitter (B). Rostempfindliche Gitter brauchen einen Anstrich zum Schutz vor Rost. Senkrecht angebrachte Drähte benötigen eine im Boden verdübelte oder einzementierte Spannvorrichtung (C).

131

Blühende Obstgehölze im Kübel

Spezialgärtnereien und Baumschulen bieten ein reiches Sortiment an Obstgehölzen für Balkone und Terrassen mit ihrem beschränkten Platzangebot. Apfel-, Birn-, Pflaumen-, Zwetschen- oder Pfirsichbäume gibt es als Miniaturausgaben, ebenso Johannisbeer- oder Stachelbeerarten, die als Hochstämmchen gezüchtet werden und sich so für Balkonverhältnisse eignen.

Diese Obstgehölze bilden keine ausladenden Seitentriebe und brauchen deshalb keinen großen Abstand voneinander. Die langen Triebe von Brombeeren oder Himbeeren lassen sich gut an Drähten in die gewünschte Richtung leiten.

Es gibt aber auch Apfel- oder Birnensorten, die sich für Obstbaumspaliere auf dem Balkon oder der Terrasse eignen. Diese Obstgehölze brauchen eine etwas stabilere Leithilfe aus Holzlatten oder Spanndrähten und entwickeln im Laufe der Jahre sehr dekorative Wuchsformen.

Gewöhnliche Pelzbiene

Anthophora plumipes

Die Gewöhnliche Pelzbiene Anthophora plumipes *ist eine der ersten Frühjahrsbienen und sucht Nektar und Pollen vor allem an Weidenkätzchen. Die Bienen graben ihre Niströhren in Kies- und Sandgruben, in Lehmwänden oder altem Mauerwerk. An geeigneten sonnigen Plätzen können die Insekten dabei große Kolonien bilden. Hinter den Eingängen der Niströhren*

---

sind die Gänge meist weit verzweigt. Darin werden die Brutzellen linear oder auch unge-
ordnet angelegt und mit einem tonhaltigen Brei sorgsam
geglättet. Als Larvennahrung
werden Nektar und Pollen in

die Brutzellen eingetragen und zwar zunächst die Pol-
len, dann der Nektar, sodass der untere Teil des Nahrungsvorrates fest, der obere Teil dünnflüssig ist.

Zur Gattung der Pelzbienen (Anthophora) zählen
sowohl Arten, die eine eigene Brutpflege betreiben
wie die Gewöhnliche Pelzbiene, als auch parasitische
Kuckucksbienen, die ihre Eier in den Brutzellen anderer Bienen ablegen.

Die nicht parasitischen Arten erinnern mit ihrem
gedrungenen Körperbau und dem dichten Haarpelz
an Hummeln. Die Schmarotzerarten der Pelzbienen
sind kaum behaart, ihre Körper sind schlank und zeigen oft die charakteristische gelbschwarze Hinterleibszeichnung von Wespen. In Mitteleuropa gibt es etwa
hundert Pelzbienenarten, wobei die Arten mit parasi-
tischer Lebensweise überwiegen.

Trachtpflanzen: Lippenblütler und Schmetterlingsblüt-
ler werden offenbar bevorzugt, doch auch andere
Arten mit reichlichem Nektar- und Pollenangebot
werden besucht.
Nisthilfen: Lehm-, Stroh- und Lehmziegelwände,
Trockenmauern.

In naturnahen Gärten

Begrünte Fassaden und Mauern

Häuser, Schuppen, Garagen, Begrenzungsmauern, Pergola oder Carport werden lebendiger durch Kletterpflanzen. Der grüne Blattpelz ist eine Wohltat für die Augen. Er bietet Singvögeln Nistplätze und Verstecke, und seine Blüten und Früchte sind begehrte Futterquellen für Bienen, Hummeln und andere nützliche Insekten.

Manchen Hausbesitzer hält die Furcht vor Beschädigungen von einer Hausbegrünung ab. Doch wenn Putz und Mauerwerk intakt sind, gibt es zu solchen Befürchtungen keinen Anlass. Kletterpflanzen machen eine Wand auch nicht feucht. Ihre Wurzeln entziehen dem Boden das Wasser und halten die Sockelbereiche trocken. Das dichte Blattwerk der Pflanzen wirkt wie ein Wettermantel, der Witterungsextreme wie Hitze und Kälte oder Regen mildert und eine Fassade vor Feuchtigkeit schützt. Kletterpflanzen schaffen ein Luftpolster zwischen Mauerwerk und Blattwerk. Sie erzeugen Sauerstoff, sind Staubfilter und Schalldämpfer, und mit den grünen Senkrechtstartern endet der Garten nicht an der Hauswand. Das hochrankende Grün schafft die natürliche Verbindung zwischen Wohnraum und Garten.

Kletterpflanzen bringen aber auch mehr Wohnqualität in Außenhausbereiche, wo Beton und Asphalt das Bild bestimmen und überhaupt nichts wächst. Grau verputzte Mauern, eintönige Wellblechgaragen, Müllboxen aus Waschbeton, Bitumendächer, Elektroschaltkästen, Regenfallrohre, Holz- oder Stahlkonstruktionen warten darauf, begrünt zu werden. Die Ranker, Schlinger oder Kletterer lassen Beton und Stahl unter ihrem dichten Blätterpelz verschwinden und machen das vormals trostlose Bild lebendig.

Einjährige blühende Kletterpflanzen für Fassaden, Mauern und zur Begrünung von Balkon und Terrasse sind zum Beispiel Duftwicke *(Lathyrus odoratus)*, Feuerbohne *(Phaseolus coccineus)* oder Zierkürbis *(Cucurbita pepo convar. microcarpina)*. Mehrjährige blühende Kletterpflanzen sind Rotfrüchtige Zaunrübe *(Bryonia dioica)*, Knollenplatterbse *(Lathyrus tuberosus)*, Kletterbrombeere *(Rubus henryi)*, Anemonenwaldrebe *(Clematis montana rubens)*, Blauregen *(Wisteria sinensis)*, Efeu *(Hedera helix)*, Kletterhortensie *(Hydrangea anomala)*, Schlingknöterich *(Polygonum aubertii)*, Waldgeißblatt *(Lonicera periclymenum)*, Waldrebe *(Clematis vitalba)* oder Wilder Wein *(Parthenocissus tricuspidata)*.

Trockenbiotope

Alle im Boden nistende Bienen- oder Wespenarten wie Sand- und Furchenbienen, Seidenbienen, Wollbienen und Blattschneiderbienen, Grab- und Wegwespen benötigen einen möglichst trockenen Untergrund für ihre Niströhren, Trockenheit ist die Grundvoraussetzung für die Wahl eines Brutplatzes.

In Böden, wo sich Staunässe bilden kann, verpilzen die Gelege der Tiere oder die eingelagerten Pollenvorräte rasch. In normalen Gartenböden mit ihrem häufig hohen Lehm- und Humusanteil sind die Räume zwischen den einzelnen Bodenteilchen sehr eng. Der Boden neigt zur Verdichtung

Sandbienen im menschlichen Siedlungsraum

Deutscher Name *Zoologischer Name*	Flugzeit (Monate)	Körperlänge, Kennzeichen	Lebensräume im Garten und rund ums Haus	Trachtpflanzen
Zweifarbige Sandbiene *Andrena bicolor*	3 – 5, 6 – 8, zweimal im Jahr	8 mm – 10 mm; schwarzbraune Rückenbehaarung, schmale, helle Hinterleibsringe, schwarze Gesichtshaare	vegetationsarme Gartenbereiche, alle Bodenarten; Sandflächen an der Hauswand	breites Spektrum, 14 Pflanzenfamilien
Gewöhnliche Sandbiene *Andrena flavipes*	3 – 5, 7 – 9, zweimal im Jahr	10 mm – 14 mm; ähnelt Honigbiene, mit deutlich helleren Hinterleibsringen	Trockenrasen, Fettwiese, vor Hecken; Sand im Sockelbereich von Gebäuden	breites Spektrum, auch Obstbäume
Zaunrüben-Sandbiene *Andrena florea*	5 – 8	12 mm – 13 mm; spärliche schwarzbraune Behaarung an Kopf und Hinterleib; ähnelt Honigbiene	Trockenrasen; durch Betreten verdichtete Wege, Plätze	nur Zaunrüben *Bryonia alba*, *Bryonia dioica*

Deutscher Name *Zoologischer Name*	Flugzeit (Monate)	Körperlänge, Kennzeichen	Lebensräume im Garten und rund ums Haus	Trachtpflanzen
Rotpelzige Sandbiene *Andrena fulva*	3 – 5	12 mm – 13 mm; rotpelzige, hummelartige Rückenbehaarung	Trockenrasen, Sand, Kiesflächen, an Wegrändern, vor Hecken; in Fugen zwischen Wegplatten	10 Pflanzen-familien, bevorzugt Johannisbeere, Stachelbeere
Rotschopfige Sandbiene *Andrena haemorrhoa*	4 – 6	9 mm – 10 mm; orangebraune Haare an Rücken und Hinterleibsspitze	Trocken-, Fettwiese, an Wegrändern, vor Hecken, im Heidegarten	breites Spektrum, auch Obstbäume
Weiden-Sandbiene *Andrena vaga*	3 – 5	13 mm – 15 mm; (Männchen kleiner); grauweiße Haare auf Kopf und mittlerem Körper, sonst schwarz	lockerer Sand, Kies am Sockel von Gebäuden, an Wegrändern	spezialisiert auf Weiden
Ehrenpreis-Sandbiene *Andrena viridescens*	4 – 6	6 mm – 7 mm; schwarze Körperbehaarung, leichter Metallschiller an Kopf und mittlerem Körper	Trockenrasen, sonnige Fettwiese, Streuobstwiese	streng an Ehrenpreis (*Veronica*) gebunden

und ist reich an Wasser. Je wasserhaltiger ein Boden ist, desto kühler ist er und desto langsamer erwärmt er sich.

An Trockenheit und Wärme angepasste Pflanzen- und Tierarten wie im Boden nistende Hautflügler fühlen sich im feuchten Gartenboden deshalb wenig wohl.

Trockenbiotope wie Trockenflächen, Steingärten oder Trockenmauern bieten diesen Insekten geeignete Lebensräume.

Bienenweide für Trockenbiotope

Die Übersicht ab Seite 140 enthält blühende Pflanzen für die Dachbegrünung, für Trockenmauern, Stein-, Felsen- und Heidegärten, für die Randgestaltung von Natursteintreppen, Sitzplätzen und Wegen.

Der Standort sollte sonnig sein, mit nährstoffarmen Böden (Sand, Kies, Geröll, Splitt, Schotter, Steinbruch), in denen das Regenwasser sofort versickern kann.

Natursteinwege, Trockenflächen und Steingärten

Sandhaltige Fugen zwischen verlegten Steinplatten, Geröllbeete, Steingärten und vegetationsarme Sand- und Kiesflächen an Wegen, Plätzen oder im Sockelbereich von Gebäuden bieten Nistgelegenheiten für viele Hautflügler.

Will man Trockenstandorte im Garten anlegen, reicht es leider nicht, auf einen nährstoffreichen Mutterboden eine zehn Zentimeter dicke Kies- oder Geröllschicht aufzufüllen.

Alle Trockenbereiche eines Naturgartens, seien es Steingärten, Geröllbeete, Wege, Plätze oder Treppen, muss man auf einem etwa dreißig Zentimeter tiefen Fundament aufbauen, und das bedeutet Schwerstarbeit, denn man muss zunächst eine ebenso tiefe Grube ausheben. Der Grund des Fundaments wird dann mit einem Rüttler festgestampft. Dann kommt das Füllmaterial in die Grube: Schotter, Steinbruch oder zertrümmerte Ziegel. Darauf folgt noch eine etwa zehn Zentimeter dicke Schicht grober Kies. Das Füllmaterial wird dann noch einmal gründlich festgestampft.

Jetzt kann man mit dem Aufbau der geplanten Anlage beginnen.

- **Holzwege** brauchen ein etwa zwanzig Zentimeter dickes Fundament aus Schotter oder Bruchstein, das mit einem Rüttler gut verdichtet wird.

  Für einen Holzweg eignen sich Hartholzscheiben (Eiche, Buche, Robinie) mit einer einheitlichen Länge von zwanzig bis fünfundzwanzig Zentimetern. Die Holzscheiben werden in einer etwa zehn Zentimeter hohen Lage Schotter verlegt. Sie sollten unterschiedliche Durchmesser haben, damit man sie gut aneinanderfügen kann und keine allzu großen Fugen entstehen.

  Anschließend füllt man die Fugen mit einem Gemisch aus feinem Sand, Splitt oder kleinen Kieseln. Die Außenkanten des Weges können Sie mit festgestampftem Steinbruch stabilisieren oder mit längeren Rundhölzern, die in den Boden eingeschlagen werden.

- **Steingärten** und **Geröllbeete** entstehen nach persönlichem Geschmack als flache oder hügelartig geformte Flächen unter Verwendung von Kies, Sand, Geröll oder Schotter mit einer Schichtdicke von fünfzehn bis fünfundzwanzig Zentimetern. Bereiche, die zu monoton erscheinen, kann man durch terrassenförmig angelegte Steinmäuerchen oder mit großen Bruch- oder Feldsteinen auflockern.

Pflanzen für Trockenstandorte

Deutscher Name *Botanischer Name*	Blütezeit (Monate)	Blütenfarbe	Wuchshöhe (cm)	Standort
Alpendistel *Carduus defloratus*	5 – 8	purpur	bis 80	Trockenmauer, Steingarten
Alpensonnenröschen *Helianthemum alpestre*	6 – 8	gelb	5 – 10	Wege, Plätze, Dach, Trockenmauer
Stängelloser Enzian *Gentiana acaulis*	6 – 8	azurblau	5 – 10	Steingarten, Dach, Trockenmauer
Christrose *Helleborus niger*	12 – 3	weißrosa	10 – 30	Wege, Plätze, Trockenmauer
Echte Hauswurz *Sempervivum tectorum*	7 – 9	rot	bis 50	Steingarten, Dach, Trockenmauer
Felsengelbstern *Gagea bohemica*	3 – 4	gelb	bis 10	Wege, Plätze, Dach, Treppen, Steingarten, Trockenmauer
Frühlingsadonisröschen *Adonis vernalis*	4 – 5	hellgelb	10 – 40	Wege, Steingarten, Dach, Trockenmauer

Deutscher Name *Botanischer Name*	Blütezeit (Monate)	Blütenfarbe	Wuchshöhe (cm)	Standort
Gefleckte Flockenblume *Centaurea maculosa*	6 – 9	violett	30 – 60	Wege, Steingarten, Trockenmauer, Dach
Gelber Lerchensporn *Corydalis lutea*	5 – 10	gelb	10 – 20	Wege, Plätze, Treppen, Steingarten, Dach, Trockenmauer
Gewöhnliche Kugelblume *Globularia punctata*	5 – 6	violett	bis 30	Trockenmauer, Dach
Gewöhnlicher Thymian *Thymus pulegioides*	6 – 10	rosa	5 – 20	Wege, Steingarten, Dach, Trockenmauer
Golddistel *Carlina vulgaris*	7 – 9	gelb	15 – 40	Wege, Plätze, Steingarten, Dach
Große Traubenhyazinthe *Muscari racemosum*	4 – 6	blau	10 – 20	Wege, Plätze, Steingarten, Dach
Heidenelke *Dianthus deltoides*	6 – 10	purpur	10 – 40	Wege, Plätze, Steingarten, Dach
Kaukasus-Fetthenne *Sedum spurium*	7 – 8	lilarosa	bis 20	Wege, Steingarten, Trockenmauer, Dach

Deutscher Name *Botanischer Name*	Blütezeit (Monate)	Blütenfarbe	Wuchshöhe (cm)	Standort
Kriechendes Fingerkraut *Potentilla reptans*	6 – 8	gelb	5 – 20	Wege, Plätze, Dach
Moschusmalve *Malva moschata*	6 – 10	weißlila	30 – 80	Wege, Steingarten
Quirlblütiger Salbei *Salvia verticillata*	6 – 9	violett	20 – 60	Steingarten, Dach
Rundblättrige Glockenblume *Campanula rotundifolia*	6 – 10	blau	10 – 40	Wege, Plätze, Dach, Trockenmauer
Sandthymian *Thymus serpyllum*	5 – 10	rosa	10 – 30	Wege, Steingarten, Dach, Trockenmauer
Sandwicke *Vicia lathyroides*	4 – 6	violett	5 – 20	Steingarten, Dach
Scharfer Mauerpfeffer *Sedum acre*	6 – 7	gelb	5 – 15	Steingarten, Dach, Trockenmauer
Scheuchzers Glockenblume *Campanula scheuchzeri*	7 – 8	blauviolett	10 – 20	Steingarten, Dach

Deutscher Name *Botanischer Name*	Blütezeit (Monate)	Blütenfarbe	Wuchshöhe (cm)	Standort
Steinfingerkraut *Potentilla rupestris*	5 – 6	weiß	30 – 50	Wege, Steingarten, Trockenmauer, Dach
Steinnelke *Dianthus sylvestris*	7 – 9	rosa	bis 40	Trockenmauer, Dach
Wegmalve *Malva neglecta*	6 – 10	rosa	10 – 40	Wege, Plätze, Trockenmauer
Weißer Alpenmohn *Papaver sendtneri*	7 – 8	weiß	bis 15	Wege, Steingarten, Trockenmauer
Weißer Mauerpfeffer *Sedum album*	6 – 7	weiß	bis 20	Wege, Steingarten, Trockenmauer, Dach
Wiesenküchenschelle *Pulsatilla pratensis*	4 – 5	violett	10 – 50	Wege, Plätze, Trockenmauer, Dach
Wilder Majoran *Origanum vulgare*	7 – 9	rosa	20 – 80	Wege, Plätze, Dach, Steingarten
Zwergglockenblume *Campanula cochlearifolia*	6 – 8	blau	5 – 15	Trockenmauer, Dach

- **Natursteinplatten** für Wege, Plätze und Treppen werden am besten mit größeren Lücken zwischen den einzelnen Platten in feinem Sand verlegt. Dann wird die gesamte Fläche mit einem Rüttler festgestampft. Die Fugen zwischen den Steinplatten werden mit feinem Kies gefüllt. Die gleiche Arbeitsmethode eignet sich auch beim Verlegen von Feldsteinen oder Pflastersteinen.
- **Natursteintreppen** im Garten brauchen den gleichen Unterbau wie eine Trockenmauer. Die einfachste Variante ist dabei die sogenannte Blockstufentreppe, bei der man geeignete Steinplatten leicht überlappend in der oberen Sandschicht verlegt. Neben der Beachtung des Hauptziels, dass die Treppe am Ende gut begehbar ist, sollte man auch bei einer Treppe darauf achten, dass zwischen den Stufen genügend Ritzen und Lücken bleiben, in denen sich Tiere und Pflanzen ansiedeln können. Damit die Sandschicht vom Regen nicht fortgespült wird, schüttet man seitlich und zwischen den Stufen eine Schicht Kies, Geröll oder Schotter auf.

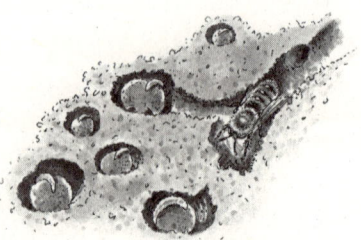

Sandhügel über den Eingängen zu ihren Brutzellen sind charakteristisch für die Nistkolonien von Hosenbienen in Sandböden. Die Hauptgänge verzweigen sich in Seitengänge, an deren Enden jeweils eine runde Brutkammer liegt.

Trockenmauern

Trockenmauern sind alte Gestaltungselemente in der Naturlandschaft. Sie bestehen aus sorgfältig aufeinandergeschichteten Steinen und werden ohne Bindemittel wie Zement oder Kalk gebaut.

Trockenmauern sehen nicht nur schön aus, sondern entwickeln sich auch rasch zu einem begehrten Lebensraum für Pflanzen und Tiere. Attraktive »Mauerblümchen« wie Steinnelken oder Mauerpfeffer sprießen aus ihren Ritzen. Maskenbienen, Seidenbienen und Mauerbienen verschwinden in den Fugen und nutzen diese als Kinderstube. Im Bodenbereich, wo die Sonne ihre empfindliche Haut nicht austrocknen kann, haben Molche, Kröten, Salamander und Schnecken ihre Tagesverstecke. Asseln und Spinnen verbergen sich im düsteren Ganglabyrinth. Mauereidechsen nehmen ein Sonnenbad auf den erwärmten Steinen und Springspinnen entwischen in die Ritzen, wenn wir ihnen zu nahe kommen.

Totholz

Totholz bringt jede Menge Leben in den Garten. Holzhaufen und Holzzäune können zu Lebensräumen für Holz bewohnende Wildbienen wie Blattschneiderbienen, Holzbienen oder Wollbienen und andere Insekten werden. Je nach Holzart zerfällt abgestorbenes Holz langsamer oder schneller, und bevor es sich irgendwann in Humus verwandelt, bietet es über Jahre hinweg unzähligen Tierarten Nahrung, Nistplatz und Wohnraum. Flechten, Moose und Pilze siedeln sich an, Asseln und Spinnen folgen. Spechte, Kleiber und Meisen stochern in den Ritzen und klopfen die lockere Rinde ab. Darunter verbergen sich die Larven von Pinsel-, Bock- oder Rosenkäfern. Die Käferlarven ernähren sich von Holzpartikeln und hinterlassen mit ihren Fraßgängen Niststätten für Bienenarten, die sich ihre Brutgänge nicht selbst bohren können.

Alte Bäume, die aus Sicherheitsgründen irgendwann doch einmal gefällt werden müssen, sollte man deshalb nicht einfach absägen, zerkleinern und dann verbrennen oder zerschreddern. Das »Totholz« hat eine wichtige Funktion im Naturkreislauf und kann im Garten eine bessere Verwendung finden, wenn man es nur grob zerkleinert und den natürlichen Zersetzungsprozessen überlässt. Auch den Baumstumpf mit Wurzeln muss man nicht mühsam ausgraben, sondern lässt ihn einfach stehen. Bevor er nach vielen Jahren verrottet ist, werden wir erleben, wie die großen Gesetze der Natur hier im Kleinen wirken. Viele Tiere werden das Wohnungsangebot schätzen und uns Gelegenheit geben, sie zu beobachten.

Blaue Holzbiene

Xylocopa violacea

Mit zwanzig bis achtundzwanzig Millimeter Körperlänge ist die Blaue Holzbiene eine der größten Bienenarten in Mitteleuropa. Auf den ersten Blick kann man die Blaue Holzbiene mit einer Hummel verwechseln. Die Biene ist dunkel behaart; auf ihren ebenfalls dunklen Flügeln erkennt man deutlich einen Blauschimmer. Die wärmeliebenden Insekten suchen sonnige Orte mit geeigneten Nistmöglichkeiten, die sie in alten Obstbäumen, auf Streuobstwiesen oder auch in einem Totholzhaufen im Garten finden.

Blaue Holzbienen schlüpfen im Herbst, es überwintern beide Geschlechter. Die Paarung erfolgt im

*nächsten Frühjahr. Danach
beginnt das Weibchen mit
dem Nestbau. Es nagt ver-
tikale, bis dreißig Zentimeter lange Nistgänge in abgestorbenes Holz und richtet in jedem Gang etwa fünfzehn Brutzellen ein. Jede Zelle
wird mit Pollen gefüllt, dann wird ein Ei hineingelegt.
Schließlich wird die Zelle mit einer Trennwand aus
feinen Holzspänen und Speichel verklebt.*

*Die Larven verzehren die Pollenvorräte und ver-
puppen sich. Die geschlüpfte Holzbiene zernagt
schließlich die Trennwand ihrer Brutzelle und versucht
nach draußen zu gelangen. Hat die Holzbiene in der
davorliegenden Zelle ihre Entwicklung noch nicht
beendet, muss gewartet werden, bis es soweit ist. Dann
kriechen die Insekten hintereinander ins Freie.*

Trachtpflanzen: *Schmetterlingsblütler, Korbblütler und
Lippenblütler. Neben Wildpflanzen werden auch farbenprächtige Stauden und Zierpflanzen wie Phlox
oder Kletterpflanzen wie Blauregen an Fassaden häufig angeflogen und als Futterquellen genutzt.*
Nisthilfen: *Die Blaue Holzbiene kommt in Deutschland vor allem in den südlichen, wärmebegünstigten
Landesteilen vor und gilt als gefährdete Art, nicht
zuletzt auch durch das Fehlen von geeigneten Nistmöglichkeiten. Holzklötze oder -scheite, die an einer
sonnigen Hauswand gestapelt sind, und Totholzhaufen im Garten werden von den Bienen angenommen.*

Totholz bringt jede Menge Leben in den Garten

Totholzhaufen

Der Totholzhaufen im Garten hat nichts mit Unordnung und geplanter Verwilderung zu tun. Eher mit der klugen Überlegung, dass abgeschnittene Äste oder Zweige kein »Sperrmüll«, sondern organische Materialien sind, und es nicht falsch sein kann, sie in einer Gartenecke aufzuschichten. Im Laufe der Jahre wird der Haufen langsam von unten vermodern und in sich zusammensacken. Wenn wir das nächste Mal einen Obstbaum oder eine Hecke beschneiden, legen wir die Äste und Zweige auf den Haufen und halten damit den Naturkreislauf in Schwung.

Stangenzaun

Für den Bau eines Stangenzaunes braucht man Pfähle (etwa fünf Zentimeter dick) aus widerstandsfähigem Holz (Lärche, Eiche, Robinie). Die Länge der Pfähle richtet sich nach Ihren Vorstellungen von der Höhe des Zaunes.

Die Pfähle werden unten angespitzt und mit einem Vorschlaghammer dreißig bis vierzig Zentimeter tief in den Boden geschlagen. Sie sollten eine Reihe mit Abständen von jeweils etwa einem Meter zwischen den einzelnen Pfählen bilden.

Eine zweite Reihe Pfähle wird in gleicher Weise in etwa zehn Zentimeter Abstand neben der ersten Pfahlreihe eingeschlagen. Die zweite Pfahlreihe wird versetzt zur ersten Pfahlreihe angeordnet, sodass letztlich der Abstand zwischen den einzelnen Pfählen bei fünfzig Zentimetern liegt.

Zwischen den Pfahlreihen werden dann lange, möglichst gerade gewachsene Zweige oder Äste aufgeschichtet, bis die Zaunhöhe erreicht ist. Wenn die unteren Äste verrotten und der Zaun langsam absackt, werden oben neue Äste aufgelegt.

Weidenzaun

Beim Bau eines Weidenzaunes schlägt man wie beim Stangenzaun beschrieben etwa fünf Zentimeter dicke Pfähle aus widerstandsfähigen Holzarten dreißig bis vierzig Zentimeter tief in den Boden ein. Die Pfähle für einen Weidenzaun bilden nur eine Reihe und haben einen Abstand von etwa einem halben Meter.

Um die Pfähle herum werden dann Zweige von Weiden oder anderen biegsamen Gehölzen verflochten. Einen lebendigen Zaun erhält man durch Pfähle von frisch geschlagenen Weiden, die etwa fünfzig Zentimeter tief im Boden vergraben werden. Wenn man sie ständig feucht hält, bilden sie in der Regel neue Triebe, die man dann im Zaun verflechten oder zurückschneiden kann.

Trockenwiese

Die von Wildbienen und vielen anderen Insekten geschätzten Pflanzengesellschaften der Trockenwiese entfalten sich nur auf nährstoffarmen, wasserdurchlässigen Böden in sonniger Lage. Richtige Trockenwiesen sind Wiesen zum Träumen mit Margeriten, Kornblumen, Glockenblumen, Wiesensalbei oder Klatschmohn, mit dem Zirpen von Grillen und dem Summen von Bienen.

Normale Gartenwiesen sind in der Regel dagegen Fettwiesen mit feuchter und dichter Humusschicht. Sie bieten den im Boden lebenden Wildbienen häufig keinen geeigneten Lebensraum. Gänseblümchen und Löwenzahn sind die Charakterpflanzen von Fettwiesen. Sie gedeihen auch im Halbschatten, und der Boden, auf dem sie wachsen, ist in der Regel feucht und nährstoffreich.

Von der Fettwiese zur Trockenwiese

Leider ist es nicht möglich, eine normale Gartenwiese in eine Trockenwiese umzuwandeln, indem man einfach Wildblumensamen auf der vorhandenen Wiese ausstreut. Der Boden ist viel zu humusreich und braucht zunächst eine Abmagerungskur, das heißt, man muss den alten Grünrasen bis unter den Wurzelbereich der Gräser abtragen.

Die ausgehobenen Stellen werden dann mit Sand aufgefüllt, den man mit der unteren Mutterbodenschicht vermischt. Die abgemagerte Fläche wird schließlich mit dem Rechen planiert. Dann kann man das Saatgut einstreuen. Die Samen müssen etwa sechs Wochen lang ständig feucht gehalten werden.

Nach all diesen aufwendigen Vorbereitungsarbeiten braucht eine Magerwiese im Garten aber noch Jahre, bis sie sich zu einer artenreichen Traumwiese entwickelt hat. Einige Blumenarten werden sich stark ausbreiten, andere werden verschwinden. Man muss durch gezielte Neupflanzungen nachhelfen und ständig Quecken oder andere Unkräuter ausrotten, welche die Wiesenblumen in Bedrängnis bringen.

Das Anlegen einer Trockenwiese kann man eigentlich nur dann in Erwägung ziehen, wenn man einen sehr großen Garten mit viel Sonneneinstrahlung hat. Leider ist eine Trockenwiese auch kein Tummelplatz für spielende Kinder. Die hochwachsenden Wiesenblumen vertragen keine Fußtritte. Soll eine Wiese im Sommer als Grünwiese und Spielplatz für Kinder dienen, bietet sich für das Frühjahr an dieser Stelle eine bunt blühende Frühlingswiese an. Unter Bäumen, vor Sträuchern und Hecken oder an Stellen, wo die Wiese vielleicht ohnehin lädiert ist, werden im Herbst die Zwiebeln von verschiedenen Krokusarten, Schneeglöckchen, Schneeglanz, Blausternchen, Wildtulpen oder kleinwüchsigen Narzissenarten im Boden vergraben. Die Frühjahrsblumen erfreuen uns durch wochenlangen Blütenzauber und sind eine begehrte Nektarquelle für Bienen und Hummeln, die gerade ihre Winterquartiere verlassen. Die Frühlingsboten breiten sich im Laufe der Jahre immer mehr aus und bilden schließlich bunte Teppiche. Sind sie verwelkt, kann die Wiese gemäht werden, und Kinder können den ganzen Sommer über darauf spielen.

Wenn der Garten zu klein für eine Blumenwiese ist, lässt sich ein Wildblumenbeet an einem sonnigen Platz anlegen.

Große Wollbiene

Anthidium manicatum

Die Große Wollbiene gehört zur Gattung der Woll- und Harzbienen (Anthidium). *Woll- und Harzbienen kommen in Mitteleuropa mit sieben Arten vor. Sie sind mit ihrem fast unbehaarten Hinterleib und den gelben oder weißen Querbinden leicht mit Wespen zu verwechseln. Wollbienen unterscheiden sich von Harzbienen (siehe Seite 48) vor allem in der Art des Nestbaus.*

Wollbienen raspeln die haarigen Fasern von Salbei, Königskerze, Quitte oder anderen Pflanzen ab, rollen sie zu einer Kugel und transportieren sie, zwischen Kopf und Vorderbeine geklemmt, zu ihren Nistplätzen. Mit den Fasern werden dann die einzelnen Brutzellen geformt. Je nach Art legen Wollbienen ihre Brutzellen in hohlen Pflanzenstängeln, Mauerwerksritzen, vertrockneten Galläpfeln oder leeren Schneckenhäusern an.

Mit ihren gelbschwarzen Hinterleibsringen erinnert die Große Wollbiene an eine Wespe – wenn sie im Schwirrflug über einer Blüte steht und Nektar saugt, an eine Schwebfliege. Wie es der Name andeutet, ist

---

die Biene ungewöhnlich groß; die Männchen können eine Körperlänge von bis zu achtzehn Millimetern erreichen.

Die Weibchen suchen nach der Paarung nach einer Unterkunft für ihren Nachwuchs. Dafür eignen sich bereits vorhandene Hohlräume in Holz wie verlassene Käferfraßgänge oder auch Ritzen in älterem Mauerwerk. Dann sammeln die Weibchen Pflanzenfasern, rollen sie zu einem Ball, transportieren sie in den gewählten Hohlraum und kleiden damit ihre Brutzellen aus.

Mit einem entsprechenden Angebot an Pflanzen und Nisthilfen lassen sich die anpassungsfähigen, farbenprächtigen Bienen auch in dicht besiedelten Gebieten in den Garten locken.

Trachtpflanzen: Die Große Wollbiene bevorzugt Lippenblütler wie Rote Taubnessel oder Sumpfziest, aber auch verschiedene Rachen- und Schmetterlingsblütler mit reichlich Nektar und Pollen.
Pflanzen zum Sammeln von Pflanzenwolle: Strohblume, Königskerze, Katzenpfötchen, Rote Lichtnelke.
Nisthilfen: durchbohrte Hartholzscheiben oder Holzblöcke, Totholzhaufen, Lochziegel mit Bambusröhren, gebündelte Bambusröhren.

Wildpflanzen für Trocken- und Fettwiese

Deutscher Name / *Botanischer Name*	Blütezeit (Monate)	Blütenfarbe	Wuchshöhe (cm)	Standort
Blutwurz / *Potentilla erecta*	6 – 7	gelb	5 – 30	Trockenwiese
Echtes Johanniskraut / *Hypericum perforatum*	6 – 8	gelb	30 – 60	Trockenwiese
Gamander-Ehrenpreis / *Veronica chamaedrys*	5 – 7	blau	10 – 30	Fettwiese
Gewöhnliche Kugelblume / *Globularia punctata*	5 – 6	violett	5 – 30	Trockenwiese
Gewöhnlicher Hornklee / *Lotus corniculatus*	5 – 8	gelb	5 – 30	Trockenwiese
Gewöhnlicher Natternkopf / *Echium vulgare*	5 – 8	blau	40 – 80	Trockenwiese
Gewöhnliche Schafgarbe / *Achillea millefolium*	6 – 10	weiß, rosa	15 – 60	Trockenwiese
Gewöhnliche Wegwarte / *Cichorium intybus*	6 – 10	blau	30 – 110	Trockenwiese

Deutscher Name *Botanischer Name*	Blütezeit (Monate)	Blütenfarbe	Wuchshöhe (cm)	Standort
Große Traubenhyazinthe *Muscari racemosum*	4 – 6	blau	10 – 20	Trockenwiese
Hopfenklee *Medicago lupulina*	5 – 10	gelb	10 – 40	Trockenwiese
Huflattich *Tussilago farfara*	2 – 4	gelb	5 – 20	Trockenwiese
Kleiner Klappertopf *Rhinanthus minor*	5 – 8	gelb	10 – 40	Trockenwiese
Kleines Habichtskraut *Hieracium pilosella*	5 – 9	gelb	10 – 30	Trockenwiese
Kriechender Günsel *Ajuga reptans*	5 – 8	blauviolett	10 – 30	Fettwiese
Kugelige Teufelskralle *Phyteuma orbiculare*	5 – 7	blau	10 – 30	Trockenwiese
Löwenzahn *Taraxacum officinale*	4 – 9	gelb	5 – 30	Fettwiese
Rainfarn *Chrysanthemum vulgare*	7 – 9	gelb	50 – 120	Trockenwiese

Deutscher Name *Botanischer Name*	Blütezeit (Monate)	Blütenfarbe	Wuchshöhe (cm)	Standort
Roter Wiesenklee *Trifolium pratense*	5 – 9	rotviolett	20 – 40	Fettwiese
Rundblättrige Glockenblume *Campanula rotundifolia*	6 – 10	blau	15 – 40	Trockenwiese
Saatluzerne *Medicago sativa*	6 – 9	violett	30 – 80	Trockenwiese
Scharfer Hahnenfuß *Ranunculus acris*	5 – 10	gelb	10 – 100	Fettwiese
Steppensalbei *Salvia nemorosa*	6 – 8	violett	20 – 70	Trockenwiese
Taubenskabiose *Scabiosa columbaria*	7 – 10	lila	20 – 60	Trockenwiese
Vogelwicke *Vicia cracca*	6 – 8	violett	20 – 150	Fettwiese
Weißklee *Trifolium repens*	5 – 10	weiß	5 – 30	Fettwiese
Wiesenbärenklau *Heracleum sphondylium*	6 – 9	weiß	70 – 150	Trockenwiese

Deutscher Name *Botanischer Name*	Blütezeit (Monate)	Blütenfarbe	Wuchshöhe (cm)	Standort
Wiesenflockenblume *Centaurea jacea*	6 – 10	violett	20 – 80	Trockenwiese, Fettwiese
Wiesenglockenblume *Campanula patula*	5 – 7	blau	20 – 50	Trockenwiese, Fettwiese
Wiesenkerbel *Anthriscus sylvestris*	4 – 6	weiß	40 – 150	Fettwiese
Wiesenmargerite *Chrysanthemum leucanthemum*	5 – 9	gelbweiß	30 – 100	Trockenwiese, Fettwiese
Wiesensalbei *Salvia pratensis*	5 – 9	blau	30 – 60	Trockenwiese, Fettwiese
Wiesenstorchschnabel *Geranium pratense*	5 – 9	blauviolett	30 – 80	Fettwiese
Wiesenwitwenblume *Knautia arvensis*	6 – 8	lila	30 – 80	Trockenwiese
Wilde Möhre *Daucus carota*	6 – 9	weiß	30 – 100	Trockenwiese
Zottiger Klappertopf *Rhinanthus alectorolophus*	5 – 9	gelb	20 – 80	Trockenwiese, Fettwiese

Blühende Bäume und Gehölze

Mit Bäumen und Sträuchern werden die markantesten Akzente rund um unser Haus und im Garten gesetzt. Sie bilden den natürlichen Kontrast zu Gebäuden, schützen vor neugierigen Blicken, spenden Schatten und vermindern die Windgeschwindigkeit. Sie sind Lärmschutz, Staubfilter und Lebensraum für viele Tiere.

Bei der Auswahl der Gehölze sollten aber nicht die Blaufichte, der Thujastrauch und der Rhododendronbusch den Ton angeben. Einheimische Bäume und Sträucher haben einen weitaus höheren Wert für die Tierwelt und für uns Menschen. Sie sehen nicht immer gleich und letztlich eintönig aus, sondern sind lebendig und interessant zu jeder Jahreszeit.

Blühende Sträucher und Bäume sind wichtige Pollen- und Nektarquellen für Wildbienen: Obstbäume wie Apfel-, Birn-, Kirsch- oder Pflaumenbäume, auch Wildapfel oder Wildbirne, Obststräucher wie Himbeere, Rote und Schwarze Johannisbeere, Wilde Stachelbeere, Wilde Brombeere oder Heidelbeere, große und kleine Sträucher wie Bärentraube, Besenheide, Ginster, Seidelbast, Hundsrose oder Schlehe und Bäume wie verschiedene Weiden, Zweigriffeliger Weißdorn, Faulbaum oder Sommer- und Winterlinde.

Überblick: Bienensystematik

Bienen unterscheiden sich oft nur wenig voneinander, was es schwierig macht, eine eindeutige Verwandtschaft zu erkennen. Bei der systematischen Einteilung kommen Wissenschaftler deshalb zu unterschiedlichen Schlussfolgerungen. Einige verteilen unsere über fünfhundert heimischen Wildbienenarten auf sieben Unterfamilien, die man vielfach auch als eigene Familien betrachtet. In der folgenden Systematik (nach Dathe und Westrich) sind die Bienen einer Familie *(Apidae)* und sechs Unterfamilien mit 42 Gattungen zugeordnet.

Klasse: Insekten *(Insecta)*
Ordnung: Hautflügler *(Hymenoptera)*
Unterordnung: Taillenwespen *(Apocrita)*
Teilordnung: Stechimmen *(Aculeata)*
Familie: Bienenartige *(Apidae)*
6 Unterfamilien: 1 – 6
42 Gattungen

1. Ur- und Seidenbienen *(Colletinae)*
- Maskenbienen *(Hylaeus)*,
  siehe Gewöhnliche Maskenbiene Seite 101
- Seidenbienen *(Colletes)*,
  siehe Gewöhnliche Seidenbiene Seite 87

2. Sand- oder Erdbienen *(Andreninae)*
- Sandbienen *(Andrena)*,
  siehe Rotpelzige Sandbiene Seite 67
- Zottelbienen *(Panurgus)*
- Scheinlappenbienen *(Panurginus)*
- Buntbienen *(Camptopoeum)*
- Schwebebienen *(Melitturga)*

3. Furchen- oder Schmalbienen *(Halictinae)*
- Furchenbienen *(Halictus)*,
  siehe Vierbindige Furchenbiene Seite 41
- Schmalbienen *(Lasioglossum)*
- Buckelbienen *(Sphecodes)*
- Steppenbienen *(Nomioides)*
- Schlürfbienen *(Rophites)*
- Graubienen *(Rhophitoides)*
- Glanzbienen *(Dufourea)*
- Schienenbienen *(Pseudapis)*
- Spiralhornbienen *(Systropha)*

4. Sägehorn-, Hosen- und Schenkelbienen *(Melittinae)*
- Sägehornbienen *(Melitta)*,
  siehe Sägehornbiene Seite 18
- Schenkelbienen *(Macropis)*,
  siehe Schenkelbiene Seite 24
- Hosenbienen *(Dasypoda)*,
  siehe Hosenbiene Seite 18

5. Mauer-, Mörtel- und Blattschneiderbienen
(Megachilinae)
- Woll- und Harzbienen *(Anthidium)*,
  siehe Kleine Harzbiene Seite 48
- Düsterbienen *(Stelis)*
- Zweizahnbienen *(Dioxys)*
- Blattschneider- und Mörtelbienen *(Megachile)*,
  siehe Mörtelbienen Seite 125 und
  Gewöhnliche Blattschneiderbiene Seite 52
- Kegelbienen *(Coelioxys)*
- Mauer-, Scheren- und Löcherbienen *(Osmia)*,
  siehe Rote Mauerbiene Seite 61
- Steinbienen *(Lithurgus)*

6. Echte Bienen *(Apinae)*

- Pelzbienen *(Anthophora)*,
  siehe Gewöhnliche Pelzbiene Seite 132
- Trauerbienen *(Melecta)*
- Fleckenbienen *(Thyreus)*
- Langhornbienen *(Eucera)*
- Keulhornbienen *(Ceratina)*
- Holzbienen *(Xylocopa)*,
  siehe Blaue Holzbiene Seite 146
- Wespenbienen *(Nomada)*
- Filzbienen *(Epeolus)*
- Kraftbienen *(Biastes)*
- Sandgängerbienen *(Ammobates)*
- Kurzhornbienen *(Pasites)*
- Kurzhornbienen *(Parammobatodes)*
- Steppenglanzbienen *(Ammobatoides)*
- Schmuckbienen *(Epeoloides)*
- Hummeln und Kuckuckshummeln *(Bombus)*
- Honigbienen *(Apis)*,
  siehe Honigbiene Seite 32

Der Autor

Wolf Richard Günzel ist Autor und Naturfotograf. Seit 1982 veröffentlicht er Reiseberichte und Artikel aus dem Ökologiebereich mit eigenen Naturfotografien in »Rheinischer Merkur«, »FAZ«, »Der Spiegel«, »Kosmos«, »Das Tier«, »Wild und Hund«, »Mein schöner Garten«, »Aqua-Geo« oder »Gartenteich-Magazin«.

Aus seiner Feder stammen bereits mehrere Bücher, neben belletristischen Werken auch Sachbücher aus dem Umwelt- und Naturbereich.

Gemeinsam mit seiner Frau lebt Wolf Richard Günzel in der Oberlausitz.

Im pala-verlag sind von ihm die Titel »Lebensräume schaffen« (2006), »Das Insektenhotel« (2007), »Der igelfreundliche Garten« (2008), »Lebensraum Gartenteich« (2009) und »Der hummelfreundliche Garten« (2010) erschienen.

Adressen

Umwelt- und Naturschutzverbände

Naturschutzbund Deutschland (NABU) e. V.
Charitéstraße 3
10117 Berlin
www.nabu.de

Bund für Umwelt und Naturschutz
Deutschland (BUND) e. V.
Am Köllnischen Park 1
10179 Berlin
www.bund.net

Naturschutzbund Österreich
Museumsplatz 2
5020 Salzburg
www.naturschutzbund.at

naturschutz.ch
c/o Verein Naturnetz
Chlosterstrasse
8109 Kloster Fahr / Schweiz

Pro Natura – Schweizerischer Bund für Naturschutz
Postfach
4018 Basel
www.pronatura.ch

Bioterra
Schweizerische Gesellschaft für biologischen Landbau
Dubsstraße 33
8003 Zürich
www.bioterra.ch

Naturgarten
Verein für naturnahe Garten- und
Landschaftsgestaltung e. V.
Kernerstraße 64
74076 Heilbronn
www.naturgarten.org

Arbeitsgemeinschaft Natur- und Umweltbildung
(ANU) e. V.
Robert-Mayer-Straße 48 – 50
60486 Frankfurt
www.umweltbildung.de
Umweltzentrendatenbank

Netzwerk Blühende Landschaft
Mellifera e. V.
Fischermühle 7
72348 Rosenfeld
www.bluehende-landschaft.de
www.mellifera.de

Internet

www.wildbienen.de
umfangreiche Informationen zu Wildbienen und Nisthilfen,
Literatur- und Linklisten von Hans-Jürgen Martin, Solingen

www.wildbienen.info
umfangreiche Informationen zu Wildbienen
von Dipl. Biol. Dr. Paul Westrich, Kusterdingen

www.hymenoptera.de
umfangreiche Informationen zu Hummeln, Bienen
und Hornissen von Dr. Melanie von Orlow, Berlin

Bezugsquellen

Nisthilfen

Lebensgemeinschaft e. V. Sassen und Richthof
Sassen 1
36110 Schlitz
www.lebensgemeinschaft.de

Naturschutzring Segeberg e. V.
Hamburger Straße 109
23795 Bad Segeberg
www.naturschutzring.de

Schwegler Vogel- und Naturschutzprodukte GmbH
Heinkelstraße 35
73614 Schorndorf
www.schwegler-natur.de

Naturschutzbedarf Strobel
Fachhandel und -beratung Fa. Pröhl
Nitzschkaer Straße 29
04626 Schmölln OT Kummer
www.naturschutzbedarf-strobel.de

wildbiene.com
Volker Fockenberg
Heimersfeld 77
46244 Kirchhellen
www.wildbiene.com

bienenhotel.de
J.-Christoph Kornmilch
Drosselweg 9
18057 Rostock
www.bienenhotel.de

Schulbiologiezentrum Biedenkopf
Am Freibad 19
35216 Biedenkopf
www.schubiz.marburg-biedenkopf.de

Hasselfeldt Artenschutzprodukte
Hauptstraße 86 a
24869 Dörpstedt / Bünge
www.hasselfeldt-naturschutz.de

Vivara Naturschutzprodukte
Kaiserswerther Straße 115
40880 Ratingen
www.vivara.de

Keller GmbH & Co. KG
Konradstraße 17
79100 Freiburg
www.biokeller.de

Manufactum
Hiberniastraße 5
45731 Waltrop
www.manufactum.de

Manufactum Österreich
Wiener Straße 265
4030 Linz
www.manufactum.at

Manufactum Schweiz
Industriestraße 19
8112 Otelfingen
www.manufactum.ch

biosem
Le Burkli 83
2019 Chambrelien NE
Schweiz
www.biosem.ch

Andermatt Biogarten AG
Stahlermatten 6
6146 Grossdietwil
Schweiz
www.biogarten.ch

lehmbau kreativ
Norbert Franzen
An der Riehe 2
31675 Bückeburg
www.lehmbau-kreativ.de
Baustoff Lehm und seine Verarbeitung;
Projekttage, Praxiswochen in Schulen und
Kindergärten, Bau einer Wildbienenwand

Versandgärtnereien und Naturschutz

Hof Berg-Garten
Großherrischwand
Lindenweg 17
79737 Herrischried
www.hof-berggarten.de

Bioland Hof Jeebel
Biogartenversand GbR
Jeebel 17
29410 Salzwedel OT Jeebel
www.biogartenversand.de

**Bioland-Gärtnerei für Kräuter-
und Wildpflanzen Strickler**
Lochgasse 1
55232 Alzey-Heimersheim
www.gaertnerei-strickler.de

Syringa
Duftpflanzen und Kräuter
Bachstraße 7
78247 Hilzingen-Binningen
www.syringa-samen.de

Blauetikett Bornträger GmbH
67591 Offstein
www.blauetikett.de

Bio-Saatgut Gaby Krautkrämer
Eulengasse 2
55288 Armsheim
www.bio-saatgut.de

Staudengärtnerei Gaissmayer
Jungviehweide 3
89257 Illertissen
www.gaissmayer.de

Gartenbau Wagner
Gutendorf 36
8353 Kapfenstein
Österreich
www.gartenbauwagner.at

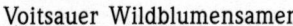

Voitsauer Wildblumensamen
Voitsau 8
3623 Kottes-Purk
Österreich
www.wildblumensaatgut.at

Sativa Rheinau AG
Klosterplatz 1
8462 Rheinau
Schweiz
www.sativa-rheinau.ch

Liebe Leserin, lieber Leser ...

... wir sind gespannt, wie Ihr eigenes Wildbienenhotel aussieht. Schicken Sie uns doch einfach ein Foto! Als Dankeschön für die Zusendung eines Fotos Ihres Wildbienenhotels erhalten Sie ein Buch aus unserem Programm.

Wir freuen uns über Ihre Anregungen, Ideen und Kritik!

Unsere Adresse:
pala-verlag, Rheinstraße 35, 64283 Darmstadt
www.pala-verlag.de
E-Mail: info@pala-verlag.de

Andere Bücher aus dem pala-verlag

Wolf Richard Günzel:
Das Insektenhotel
ISBN: 978-3-89566-234-8

Wolf Richard Günzel:
Der igelfreundliche Garten
ISBN: 978-3-89566-250-8

Wolf Richard Günzel:
Lebensräume schaffen
ISBN: 978-3-89566-225-6

Wolf Richard Günzel:
Der hummelfreundliche Garten
ISBN: 978-3-89566-276-8

Nach dem Vorbild der Natur

Wolf Richard Günzel:
Lebensraum Gartenteich
ISBN: 978-3-89566-262-1

Dettmer Grünefeld:
Das Mulchbuch
ISBN: 978-3-89566-218-8

Paula Polak: **Regenwasser im
Garten nachhaltig nutzen**
ISBN: 978-3-89566-285-0

Werner David:
Lebensraum Totholz
ISBN: 978-3-89566-270-6

Lebensraum Garten

Irmela Erckenbrecht:
Die Kräuterspirale
ISBN: 978-3-89566-290-4

Brigitte Kleinod:
Das Hochbeet
ISBN: 978-3-89566-261-4

Irmela Erckenbrecht:
Neue Ideen für die Kräuterspirale
ISBN: 978-3-89566-240-9

Sofie Meys:
Lebensraum Trockenmauer
ISBN: 978-3-89566-249-2

Köstlichkeiten aus aller Welt

Katrin Eppler:
Vegetarisch kochen – türkisch
ISBN: 978-3-89566-271-3

Heike Kügler-Anger:
Cucina vegana
ISBN: 978-3-89566-247-8

Kerstin Lautenbach-Hsu:
Vegetarisch kochen – chinesisch
ISBN: 978-3-89566-259-1

Lena Brorsson Alminger:
Schwedisch backen
ISBN: 978-3-89566-269-0

Gesamtverzeichnis bei:
pala-verlag • Postfach 11 11 22 • 64226 Darmstadt • www.pala-verlag.de

ISBN: 978-3-89566-244-7
© 2008: pala-verlag, Rheinstr. 35, 64283 Darmstadt
2. Auflage 2011
www.pala-verlag.de
Alle Rechte vorbehalten
Umschlag- und Innenillustrationen: Margret Schneevoigt
Lektorat: Angelika Eckstein

Druck: fgb • freiburger graphische betriebe
www.fgb.de
Printed in Germany

Dieses Buch ist auf Papier aus
100 % Recyclingmaterial gedruckt
und klimaneutral produziert.